C.H.BECK WISSEN

in der Beck'schen Reihe

Seit jeher umgibt die Alchemie die Aura des Geheimnisvoll-Verbotenen. Hervorgegangen in der Antike aus der wechselseitigen Durchdringung der ägyptischen und griechischen Kultur, war die Alchemie, wie ihre spannende und wechselvolle Geschichte zeigt, nie nur praktische Laborarbeit, etwa zu dem Behuf, den Stein der Weisen herzustellen. Vielmehr erschuf sie zugleich ein Weltbild, in dem Mensch und Natur, Geist und Materie aufs Engste miteinander verwoben sind. Nicht zuletzt dies ist der Grund für die bis heute anhaltende Faszination am alchemistischen Denken.

Claus Priesner, Diplom-Chemiker und apl. Professor für Geschichte der Chemie an der Universität München, befasst sich seit langer Zeit mit der Geschichte der Naturwissenschaften und insbesondere mit der Geschichte der Alchemie in der Frühen Neuzeit. Bei C.H.Beck ist von ihm erschienen (gemeinsam mit Karin Figala): *Alchemie. Lexikon einer hermetischen Wissenschaft* (1998).

Claus Priesner

GESCHICHTE DER ALCHEMIE

Verlag C.H.Beck

Originalausgabe
© Verlag C.H.Beck oHG, München 2011
Satz, Druck u. Bindung: Druckerei C.H.Beck, Nördlingen
Umschlagabbildung: «De Sphaera», italienisches
Manuskript, 15. Jh. © Biblioteca Estense
Universitaria, Modena
Umschlagentwurf: Uwe Göbel, München
Printed in Germany
ISBN 978 3 406 61601 3

www.beck.de

Inhalt

Einführung: Traumland Ägypten 7

1. Ägyptische Tempelpriester und griechische Philosophen
   Die Anfänge der Alchemie 8

2. Göttliche Botschaften
   Christentum, Islam und die Alchemie 27

3. Die Magie der Natur
   Alchemie, Neoplatonismus und Hermetik in
   der Renaissance und Frühen Neuzeit 45

4. Alchemisten, Fürsten und Betrüger
   Die Alchemie in der Zeit des Barock 66

5. Die Alchemie, die Utopie und die Vernunft
   Rosenkreuzer, Alchemisten und Naturwissenschaftler
   in der Zeit der Aufklärung 75

6. Freiheit, Gleichheit, Brüderlichkeit
   Die Entstehung der bürgerlichen Gesellschaft und der
   modernen Chemie 94

7. Das Ende der Alchemie? 113

   Literaturempfehlungen 125
   Register 126

Einführung:
Traumland Ägypten

Als Alexander der Große im Jahr 331 v. Chr. Ägypten eroberte, war er sich wohl bewusst, dass dieses Land den Griechen in kultureller Hinsicht seit langem ein Vorbild gewesen war. Der «Vater der Geschichtsschreibung» Herodot (490/480–424 v. Chr.) berichtet von seiner Reise nach Ägypten, der Weisheit der dortigen Herrscher und der Blüte der ägyptischen Kultur, die man im antiken Griechenland oft als Ausdruck eines tiefreichenden Schöpfungsverständnisses empfand. Und schon lange vor Herodot war vermutlich der vorsokratische Philosoph und Gründer einer einflussreichen religiös-philosophischen Schule, Pythagoras von Samos (um 570–nach 510 v. Chr.), im Land am Nil gewesen, um sich dort mit der Religion der Ägypter wie mit ihren technisch-wissenschaftlichen Kenntnissen vertraut zu machen. Ägypten erschien den Griechen als das Land der Weisen, des Friedens und der Einheit von Mensch und Natur. Auch wenn dies ein idealisiertes Bild war – so wie wir heute oft Griechenland und Italien als unsere Traumländer idealisieren –, so besteht kein Zweifel an der außerordentlichen geistigen Kraft und gedanklichen Tiefe der altägyptischen Kultur und ihrer immensen Bedeutung für das antike Denken schlechthin.

Es war den Griechen nicht beschieden, die gewaltigen von Alexander eroberten Territorien in ein Reich umzuformen. Die sprichwörtlichen Diadochenkämpfe verhinderten dies schon im Ansatz. Die Ptolemäer, die nun die Herrschaft in Ägypten antraten, betrachteten sich zwar als Eroberer, waren aber weit davon entfernt, auf die ägyptische Kultur herabzublicken. Das Griechische war die Sprache der nun herrschenden Schicht; aus der Verschmelzung der ägyptischen und griechischen Kultur ging der Hellenismus hervor. Aus dieser gegenseitigen Durchdringung kultureller Traditionen entwickelte sich ein den neuen Ideen und Deutungsmustern gegenüber sehr aufgeschlossenes Denken, das schließlich auch die Alchemie entstehen ließ.

1. Ägyptische Tempelpriester und griechische Philosophen – Die Anfänge der Alchemie

Am Beginn der abendländischen Kultur – die sich erst recht spät nach Europa verlagerte – stehen zwei antike Hochkulturen, die beide mit Flüssen verbunden sind. Im Zweistromland von Euphrat und Tigris formte sich das babylonisch-assyrische Reich, im Tal des Nils entstand das Reich der Pharaonen. Das Denken der Babylonier war von der Überzeugung bestimmt, dass es neben der den fünf Sinnen zugänglichen «realen» Welt noch eine dahinterliegende, verborgene Wirklichkeit gibt, die mit der sichtbaren in einer komplexen Wechselbeziehung steht. Erst beide Welten zusammen ergeben die Gesamtheit des Kosmos. Diese Auffassung war natürlich nicht allein den Babyloniern eigen, sie ist die Grundlage sowohl religiösen wie magischen Denkens. Was die Babylonier indes hervorhebt, ist die Ausformung dieses Glaubens. Vermutlich waren es die Priester der südlichen Stadt Eridu, in der Enki, der Gott des Wissens, residierte und besonders verehrt wurde, die um 850 v. Chr. die Vorstellung entwickelten, dass der Kosmos insgesamt sich in der Menschenwelt widerspiegele. Diese auch als Chaldäer bekannten Priestermagier hatten mit dieser Makrokosmos-Mikrokosmos-Parallele die Grundlage für das System einer quasiwissenschaftlichen Magie geschaffen.

Was ist Magie?

An dieser Stelle sind einige Worte zur «Magie» angebracht. Eine einheitliche und allgemein anerkannte Definition existiert nicht, und so möchte ich mein Verständnis dieses Begriffs darlegen. Grundsätzlich ist Magie das Wissen und die Fähigkeit, Ereignisse der Vergangenheit oder Zukunft zu erkennen, Menschen und Dinge nach Belieben zu beeinflussen und Naturgesetze zeitweilig aufzuheben. Insofern sind magische Handlungen dem Vollbringen von Wundern verwandt. Dies allein reicht indes noch nicht für eine Definition der Magie aus, denn danach wäre auch ein Schamane oder Heiliger ein Magier. Der Schamane vollbringt seine über das normale menschliche Maß hinausreichenden Taten auf einer «Seelenreise», in Trance und in direktem Kontakt mit Göttern und Dämonen. Der Heilige vollbringt seine Wunder dank mystischer Versenkung in Gott und mit dessen Unterstützung. Der Magier indes ersetzt Ekstase und mystische Versenkung durch sein geheimes Wissen von der unter der sichtbaren Oberfläche liegenden inneren Struktur der Welt im Ganzen. Dieses Wissen setzt voraus, dass auch die Götter und Dämonen nicht völlig willkürlich handeln können, sondern gewissen Gesetzen unterworfen sind. Das magische Wissen besteht also in der Kenntnis dieser Gesetze. Durch die Annahme der Makrokosmos-Mikrokosmos-Parallele ist der Ansatzpunkt dafür geschaffen und die prinzipielle Erfassbarkeit auch der jenseitigen Welt gegeben. Das Handeln des Magiers ist wissensbasiert und erlernbar. Die Magie ist somit die erste Form der «wissenschaftlichen» Aneignung der Welt durch den Menschen. Natürlich war die Magie niemals eine Wissenschaft im modernen Sinne – sie war es jedoch im Sinne einer Metaphysik, die von der Existenz allgemeingültiger, sämtliche Wesen beider Welten einbeziehender Strukturen ausging.

Innerhalb dieses Magiekonzepts existieren verschiedene Untergruppen, die ich in drei Kategorien aufteilen möchte, nämlich die *Naturmagie*, die *Volksmagie* und die *Beschwörungsmagie*. Im Zusammenhang mit der Geschichte der Alchemie interessiert besonders die Naturmagie. Diese befasst sich mit der Erforschung der dem Naturgeschehen zugrunde liegenden, verborgenen Wechselwirkungen und Kausalitäten. Die später so genannten «Arkanwissenschaften» der Astrologie und Alchemie zählen zur Naturmagie, aber auch die diversen Formen der Divinatorik, das heißt der Vorhersage künftiger Ereignisse durch die Deutung von Omina wie dem Vogelflug oder der Beschaffenheit von tierischen Organen etc. Die Volksmagie setzt kein besonderes Verständnis der verborgenen Beziehungen von Mikro- und Makrokosmos voraus und basiert auf tradierten Ritualen, deren Ursprung und Sinngehalt sich im Bewusstsein der Menschen im Lauf der Zeit verflüchtigt haben und die besonders zur Vorhersage künftiger Ereignisse an sogenannten Lostagen abgehalten werden. Die Rituale sollen dem Schutz von Hof, Feld und Vieh dienen. Die Beschwörungsmagie, auch *Schwarze Magie* genannt, ist das Feld der «eigentlichen» Zauberei. Hier werden Dämonen beschworen, die den Befehlen des Magiers zu folgen haben; mit bestimmten Ritualen und Zaubersprüchen werden Mensch und Vieh verhext oder Schätze gehoben. Die Trennungslinie zwischen Magie und Religion, Gebet und Zauberspruch, Liturgie und Zauberpraktik, religiösem und magischem Ritus kann häufig nicht scharf gezogen werden, denn die dogmatischen Religionen weisen stets auch Elemente magischen Ursprungs auf. In diesem Buch wird hauptsächlich die Naturmagie in Form der Alchemie eine Rolle spielen.

Götterwelt und Kosmos der Ägypter

Für das Verständnis der Entstehung der Alchemie und einiger ihrer Wesenszüge ist die Kenntnis der Götterwelt der Ägypter und ihrer Kosmologie unabdingbar. Am Anfang stehen Naturgötter, mit dem Sonnengott als bedeutsamsten. Die Sonne erscheint unter verschiedenen Namen und Gestalten: Die Morgensonne ist der heilige Skarabäus, die Mittagssonne der falkenköpfige Re, die Abendsonne ist Atum; Amun, die nächtliche Sonne, trägt einen Widderkopf. Der Sonnengott fährt mit der Sonnenbarke täglich durch das Himmelsgewölbe und durchquert nachts das Totenreich des Osiris, in der die mächtige und böse Schlange Apophis ihn zu verschlingen droht, was durch den Zauber der Isis und des Seth verhindert wird. Die Ägypter hatten große Angst, dass die Sonne nicht mehr aus dem Totenreich zurückkehren könnte, mit der Folge ewiger Nacht. Im 14. Jahrhundert v. Chr. erklärte der Pharao Echnaton (Amenophis IV., reg. 1364–1347 v. Chr.) die Sonne unter dem Namen Aton (das heißt Sonnenscheibe) zum einzigen Gott. Er wollte auf diese Weise die Macht der Priester des Reichsgottes Amun brechen und ließ in Amarna eine neue Tempelstadt anlegen. Nach seinem Tod verlor sich der erste monotheistische Kult der Geschichte jedoch rasch, und der Name des «Ketzerkönigs» wurde aus den Reichsannalen getilgt.

Der Himmel *(Nut)* wurde in Ägypten, im Gegensatz zu der ansonsten üblichen Vorstellung, weiblich gedacht und die Erde *(Geb)* männlich. Dies dürfte damit zusammenhängen, dass es in Ägypten so selten regnet (der Regen ist ein männlicher Himmelssamen, der die weibliche Erde befruchtet). Der Zeugungsgedanke wurde hier mit dem Nil und der Erde verbunden. Der Nil bzw. das Wasser schlechthin war durch eine dicke Männergestalt *(Hapi)* personifiziert, die aber weibliche Brüste aufweist. Der Gott der Luft hieß Schu und stützte mit seinen Armen den Himmel.

Die Ägypter glaubten selbstverständlich an ein Leben nach dem Tod. Beim Totengericht vor dem Herrscher der Unterwelt, Osiris, entscheidet sich, ob der Tote das ewige Leben erhält oder ob ihn die «Totenfresserin» verschlingt. Diese hat den Kopf eines Krokodils, den Rumpf eines Löwen und das Hinterteil eines Nilpferdes.

Die große Muttergöttin Ägyptens war Isis, die erste Tochter der Himmelsgöttin Nut und Schwester des Seth und des Osiris. Sie beherrscht die Erde, ist den Menschen grundsätzlich wohlgesinnt und eine Patronin der Magie. Wichtig für die gesamte ägyptische Religion war der Isis-Osiris-Mythos: Osiris ist der mythische Urkönig Ägyptens, der die Zivilisation bringt. Seine Schwestergemahlin ist Isis. Seth tötet Osiris und setzt diesen in einem Sarg verschlossen auf dem Nil aus. Osiris treibt über das Meer bis in die phönizische Stadt Byblos. Mit Hilfe des schakalköpfigen Anubis findet die trauernde Isis ihren Brudergemahl wieder und bringt ihn nach Ägypten zurück, wo Seth den Leichnam zerstückelt und die Teile verstreut. Der treue Anubis, Schutzgott der Balsamierer, hilft Isis erneut, und es gelingt, Osiris zunächst zusammenzusetzen und dann wieder zum Leben zu erwecken. Von Osiris empfängt Isis nun den falkenköpfigen Gott Horus, den Urahn der Pharaonen, als dessen Menschwerdung sie sich verstehen. Osiris erlangt schließlich im Kampf mit Seth den Sieg und wird zum obersten Gott der Ägypter. Dieses Geschehen wiederholt sich in den Zeitläuften stetig und erklärt die Zeiten der Dürre und des Mangels (der tote Osiris) und der durch die Nilüberschwemmung eingeleiteten Periode der Fruchtbarkeit und der Fülle (der zum Leben erweckte und Horus zeugende Osiris). Dieser Mythos sollte, nach entsprechender Umformung, auch in der Alchemie grundlegende Bedeutung erlangen.

Seth erscheint als ein doppelgesichtiger Gott, einerseits ermordet er Osiris, andererseits bewahrt er den Sonnengott vor der Apophis-Schlange im Reich der Nacht und der Toten. Osiris wird zum Beherrscher des Totenreiches. Die Verehrung der zauberkräftigen Isis und ihres Kindes Horus (ikonografisch entsprechend dem Paar Maria/Jesus) war während der hellenistischen Epoche auch außerhalb Ägyptens weit verbreitet, vor allem in Italien. Weitere wichtige Götter waren Hathor, die häufig mit Isis identifiziert wurde, und Thot, der Gott der Wissenschaften und der Schrift. Auf Letzteren wird ebenfalls noch näher einzugehen sein.

Vorformen der Alchemie – Das ägyptische Tempelhandwerk

Die Priester der altägyptischen Religion waren nicht nur Seelsorger, sondern auch praktisch arbeitende Technologen. Die Ausschmückung der Tempel mit Statuen aus Edelmetallen, mit Edelsteinen, mit kostbar gefärbten Textilien oder Hölzern erfolgte durch von den Priestern betriebene Werkstätten innerhalb der heiligen Tempelbezirke. Wir wissen, dass die Kenntnisse der alten Ägypter in der Metallurgie, der Herstellung von Glas und der Bereitung hervorragender Farbpigmente diejenigen anderer Völker weit übertrafen. Wir wissen auch, dass man schon lange vor der Zeitenwende in den Tempelwerkstätten Verfahren kannte, Edelmetalle, Edelsteine und Farben, insbesondere den kostbaren Purpur, nachzuahmen, das heißt, ohne oder nur mit geringfügigem Einsatz echter Materialien Imitate zu erzeugen, die nicht als Fälschungen erkannt werden konnten. Naturgemäß unterlagen diese Verfahren der strengsten Geheimhaltung. Bei allem Geschick, das man den ägyptischen Priester-Technologen bescheinigen muss, betrieben sie doch noch keine Alchemie. Ihre Methoden beruhten auf experimentell gewonnenen Erfahrungen; die Frage, warum irgendeine Legierung gold- oder silberähnlich war, warum ein künstlich gewonnener Edelstein dem echten glich, stellte man sich nicht. Das Erfahrungswissen wurde nicht durch einen theoretischen Rahmen in eine innere Beziehung gebracht. Erst die Verbindung der ägyptischen «Färbekunst» – man betrachtete in der Tat die Imitation nicht allein von Farbstoffen, sondern auch von Edelmetallen und -steinen in erster Linie als einen Färbevorgang – mit spätantik-hellenistischer Philosophie führte zur Alchemie. Insbesondere die Elementenlehre des Aristoteles, die Gnosis und der Platonismus bzw. Neoplatonismus wurden für die Entwicklung der alchemischen Materietheorie prägend.

Über die Verfahrensweisen, die die Tempelhandwerker, zu denen durchaus auch die Priester zählten, zur Erzeugung ihrer Imitate benutzten, sind wir vor allem durch zwei Papyri informiert, die um 1828 in Ägypten an heute nicht mehr bekannter Stelle gefunden wurden und nach ihren späteren Aufbewahrungsorten als «Papyrus Leiden» und «Papyrus Stockholm» bekannt sind. Die beiden recht umfangreichen Texte sind in griechischer Sprache geschrieben und werden auf das späte dritte oder frühe vierte Jahrhundert unserer Zeit datiert. Diese Entstehung in einer sehr späten Phase bedeutet nicht, dass die darin beschriebenen Verfahren nicht sehr viel älter sind; allerdings liegen uns aus diesen älteren Zeiten keine Textzeugnisse vor. Die beiden Papyri stellen vielmehr die ältesten bekannten Rezeptsammlungen chemisch-metallurgischen Inhalts dar.

Der «Papyrus Leiden» behandelt in 99 Absätzen die Behandlung, Nachahmung und Verfälschung von Edelmetallen und von Luxusfarbstoffen. Zehn weitere Artikel entstammen der 75 n. Chr. verfassten Heilmittellehre des Dioskurides und beschäftigen sich mit wichtigen Substanzen wie Alaun, Quecksilber oder Zinnober. Es werden verschiedene gold- oder silberähnliche Legierungen (Asem) aus Zinn und Quecksilber, Zinn und Kupfer oder Zinn, Blei und Cadmia (Zinkerz) vorgestellt, die durch weitere Beimengungen minderer Stoffe gestreckt werden können. Dieses Diplosis (Verdopplung) oder Triplosis (Verdreifachung) genannte Verfahren bildet die Grundlage für spätere alchemistische Bemühungen, unedle Materialien durch Zugabe einer geringen Menge eines «Samens» oder «Gärungsmittels» umzuwandeln bzw. zu vermehren. Andere Rezepte behandeln die Versilberung und Vergoldung oder die Herstellung von Farben und Firnissen, die Metallglanz vortäuschen sollen. Wertvolle Farbstoffe wie Purpur sollen nachgeahmt oder durch Pflanzensäfte gestreckt werden.

Von den 159 Rezepten des «Papyrus Stockholm» befassen sich neun mit Metallen, hauptsächlich der Nachahmung und Verfälschung von Silber, 79 beschäftigen sich mit der Imitation und Reinigung von Edelsteinen und Perlen; die Färberei, besonders die Purpurfärberei, steht im Zentrum der letzten 71 Anweisungen. Silber wird vorgetäuscht durch silberähnliche Legierungen, z. B. aus sechs Teilen Zinn, sieben Teilen Kupfer und vier Teilen Silber. Das Edelmetall lässt sich außerdem leicht durch Zugabe von je einem Teil Zinn und Kupfer zu einem Teil Silber scheinbar vermehren *(Triplosis)*. Edelsteine lassen sich durch Beizen und Färben von verschiedenen Mineralien vortäuschen. Das so erstellte Imitat wird dann ohne Weiteres als echt bezeichnet.

Philosophen und Mysterienkulte –
Die griechischen Wurzeln der Alchemie

Die chemisch-technische Tradition der ägyptischen Tempelhandwerker verband sich bei der Entstehung der Alchemie mit der spätantiken griechischen Philosophie, aber ebenso mit religiös-kosmologischen Konzepten griechischer Mysterienkulte, die wiederum ägyptische, babylonische und persische Strömungen in sich aufgenommen hatten. Genau dieses Ineinanderfließen diverser geistiger Bewegungen in einer Phase großer gesellschaftlicher Umbrüche in Ägypten war der Nährboden, auf dem die Alchemie keimte und erblühte. Insbesondere die Elementenlehre des Aristoteles, die Lehren der Stoiker, die Gnosis und der Platonismus bzw. Neoplatonismus wurden für die Entwicklung der alchemischen Materietheorie prägend.

Betrachten wir zunächst die Elementenlehre. Heute versteht man unter einem Element eine bestimmte Atomsorte, also eine mit chemischen Mitteln nicht weiter in ihre Bestandteile zerlegbare Substanz. Die modernen Elemente sind *chemische* Elemente in dem Sinn, dass sie chemische Grundbausteine sind, nicht aber physikalische. Die *klassischen* Elemente sind weder chemische noch physikalische, sondern universelle Grundbausteine. Was zählt, ist nicht so sehr ein konkretes chemisches oder physikalisches Merkmal, sondern der allgemeine Charakter, etwa wenn «Wasser» für alles Flüssige oder «Feuer» für alles Heiße steht.

Der Elementbegriff der griechischen Philosophie unterscheidet sich grundlegend von unserer heutigen Vorstellung und ist deshalb dem modernen Denken nicht ohne Weiteres zugänglich. Der Begründer der griechischen Philosophie, Thales von Milet (um 624– um 546 v. Chr.), betrachtete das Wasser als Grundlage aller Stoffe. Wasser war normalerweise flüssig, konnte aber auch gefrieren und Eis bilden oder beim Erhitzen verdampfen. Es umfasste also nicht nur das Flüssige an sich, sondern auch das Feste und die Luft. Anaximander (610–550 v. Chr.) postulierte als Urprinzip das Unbegrenzte *(apeiron)*, während Anaximenes (575–528 v. Chr.) die Luft als dieses stoffliche Prinzip ansah. Empedokles (492–432 v. Chr.) ging von vier verschiedenen «Prinzipien» aus, nämlich Erde, Wasser, Luft und Feuer, die ungeschaffen, unveränderlich, unvergänglich und nicht ineinander umwandelbar sein sollten. Ihre Vereinigung stellte sich Empedokles als eine rein mechanische Mischung vor, die durch die «Liebe» bewirkt werde, während der «Hass» oder «Streit» für ihre Trennung verantwortlich seien. Einen völlig anderen Weg beschritt Plato (428/27–348/47 v. Chr.). Er gründete seine Elementenlehre überhaupt nicht mehr auf irgendwelche sicht- oder fühlbaren Eigenschaften, sondern auf abstrakte geometrische Strukturen, die sich in den bekannten «Platonischen

Körpern» finden. Das Tetraeder wurde dem Feuer, das Oktaeder der Luft, das Ikosaeder dem Wasser und der Würfel der Erde zugewiesen. Aus geometrischen Gründen sollte eine Umwandlung von Feuer, Luft und Wasser ineinander möglich sein, die Erde aber war unwandelbar.

Der bedeutendste Schüler Platos und der für die Elementenlehre der Alchemie wichtigste Philosoph war Aristoteles (384–322 v. Chr.). Er schloss an die Vorstellungen des Empedokles an, verwarf aber die Unwandelbarkeit der Elemente (allein dies unterscheidet die aristotelische Materiekonzeption von der modernen auf fundamentale Weise). Aristoteles ging von der Existenz einer Urmaterie *(Materia prima)* aus, die weder eine konkrete Form noch sonstige Eigenschaften – außer ihrer «Materialität» – besitzt und ein allgemeines Substrat bildet – wenn man so will, Materie an sich. Ferner postulierte er vier «Grundqualitäten», nämlich warm und kalt, feucht und trocken. Durch Aufprägung von jeweils zwei dieser Qualitäten auf die Urmaterie gelangte Aristoteles ebenfalls zu vier Elementen: Das Feuer ist warm und trocken, die Luft warm und feucht, die Erde kalt und trocken und das Wasser kalt und feucht. Diese vier Elemente bilden die materielle Basis der irdischen «sublunaren» Welt der Veränderungen, des Werdens und Vergehens. Die astralen Sphären bestehen nicht aus den irdischen Elementen, sondern aus der *Quinta essentia,* dem «Fünften Wesentlichen». Dieses Himmelselement ging viel später als «Quintessenz» über die Alchemie in den allgemeinen Sprachgebrauch ein. Aristoteles betonte, dass die vier Elemente nicht mit den in der Natur vorkommenden gleichnamigen Stoffen identisch seien. So steht das natürliche Wasser dem Element Wasser zwar sehr nahe, es kann aber auch gefrieren, enthält also auch Anteile des Elements Erde, und es kann verdampfen, weshalb auch das Element Luft ein Teil des natürlichen Wassers sein muss. Das Element oder «Prinzip» Wasser beschreibt alles Flüssige. Auch die Metalle enthalten dieses Element, da sie schmelzen können. Holz hingegen ist fest und brennbar, enthält also die Elemente Erde und Feuer. Die Elemente des Aristoteles sind keine konkreten Stoffe, sondern Eigenschaftsträger, die die Urmaterie formen. Die aristotelischen Elemente können ineinander umgewandelt werden, wobei jeweils eine ihrer beiden Qualitäten sich ändern muss. Wie diese Änderung zu bewerkstelligen sei, wird nicht erklärt. Die Elemente treten zu homogenen Körpern zusammen, wobei jeder homogene Körper alle vier Elemente enthalten sollte, allerdings in jeweils wechselnden Mischungsverhältnissen.

Die griechischen Philosophen beabsichtigten nicht, die reale stoffliche Welt zutreffend zu beschreiben, ihnen ging es um ein möglichst elegantes, abstraktes Gedankengebäude. Keiner von ihnen wäre auf die Idee gekommen, praktische Experimente zur Prüfung seiner Lehre vorzunehmen; Gedankenexperimente genügten. Hier wird der tiefreichende Gegensatz zwischen ägyptischem und griechischem Denken und Handeln deutlich. Die Ägypter befassten sich mit praktisch-experimenteller Naturforschung, die Griechen hingegen sahen praktische Arbeit als sozial degradierend an und verlegten sich auf die rein spekulativ-philosophische Beschäftigung mit der Natur. Die Natur wird dabei mehr als ein göttliches Konzept, als Idee begriffen denn als ein komplexes und in seiner Vielfalt unüberschaubares Geflecht von Einzelerscheinungen. Die griechische Philosophie war, zumindest hinsichtlich ihres Naturverständnisses, höchst abstrakt, die ägyptische Sicht auf die Natur erfasste die Einzeldinge und untersuchte sie. Dies spiegeln auch die Götterbilder: Anubis und Thot, aber auch andere waren praktisch tätig, vermittelten sachliches Wissen und Können. Die griechischen Götter befassten sich lieber mit menschlichen Leidenschaften, die auch die ihren waren – auch dies eine Mikrokosmos-Makrokosmos-Parallele, wenn auch in ganz anderer Art.

Die aristotelische Lehre der vier Elemente wurde zur Basis der alchemischen Materielehre. Daneben spielte aber auch ein nicht philosophisch abgeleiteter, sondern mythisch tradierter Materiebegriff eine Rolle. Oben war schon die Rede von der Vorstellung der Ägypter, dass die Sonne den Nil befruchte. Der Befruchtungsvorgang zwischen Himmel und Erde führt zu einer allbelebten Natur. Ein ähnlicher Glaube existierte bei den Babyloniern und auch den Griechen. Bei den Babyloniern und vielen anderen Völkern nahmen die erzverarbeitenden Hüttenleute und Schmiede eine religiös-rituelle Sonderstellung ein, indem ihre Tätigkeit als dem göttlichen Schöpfungsvorgang ähnliche Handlung begriffen wurde. Die Babylonier hatten ein Wort *kubu*, das einen Fötus, aber auch ein Erz oder Erze bedeuten konnte, was auf das Wachstum der Erze bzw. der Metalle in der Erde hinweist.

Es gab aber auch noch andere Quellen griechischen Denkens, die religiös-mystisch orientiert waren. Schon in der Anfangszeit der griechischen Philosophie, mehr als hundert Jahre vor der Geburt Platos, tritt uns Pythagoras entgegen. Um 570/60 v. Chr. in Samos geboren, verließ er 532 seine Heimat und ließ sich in Kroton in Unteritalien nieder, wo er eine geheimnisvolle kultische Lebensgemeinschaft gründete. Die daraus entstandene Schule der Pythagoräer befasste sich zwar in der Tat mit Mathematik, tat dies aber in einem religiösen Kontext, nämlich mit dem Ziel zu beweisen, dass der Kosmos als göttliche Schöpfung nach harmonischen Zahlenverhältnissen, die aus der Musik abgeleitet wurden, gestaltet sei. Die zahlenmystischen Spekulationen der Pythagoräer wurden seit dem ersten Jahrhundert v. Chr. von der Schule der Neupythagoräer aufgenommen und weitergeführt, in deren Denken sich pythagoräische Zahlenmystik und babylonisch-persische Astrologie und Magie vermischten. Die Zahlen selbst sind demnach Chiffren des Göttlichen, worauf in Kapitel 3 noch einzugehen sein wird. Die neupythagoräische Zahlensymbolik floss auch in das entstehende Gedankengebäude der Alchemie ein. Viel später wird dann die Zahlenmystik der jüdischen Kabbala in christlichem Gewand für die Alchemie der Renaissance eine Rolle spielen.

Die philosophische Schule der Stoa entstand gegen Ende des 4. Jahrhunderts v. Chr. und erhielt ihren Namen von der «Poikile Stoa», einer bunt ausgemalten Wandelhalle auf der Agora zu Athen, die von den älteren Stoikern (Zenon von Kition, 334–263, Kleanthes von Assos, um 331–232, und Chrysipp von Soloi, um 281–208) als Unterrichtsort benutzt wurde. Die Stoiker glaubten an einen vernunftbegabten, beseelten Organismus, der von einer geistigen Kraft, dem *Logos*, durchdrungen und gelenkt wird. Aus Feuer und Logos formt sich das *Pneuma*, welches materiellen, feinstofflichen Charakter besitzt. Logos und Pneuma verhalten sich wie Seele und Geist, bisweilen werden sie auch gemeinsam einem himmlischen Äther gleichgesetzt. Der Geist wird zur treibenden Kraft im Kosmos. Um wirksam werden zu können, benötigt das Pneuma jedoch eine stoffliche Basis, die unvergängliche, aber veränderliche Materie *(Hyle)*, welche die Qualitäten warm, kalt, trocken und feucht in stets wechselnden Verhältnissen annehmen kann. In seiner mit dem Pneuma unverbundenen Form, ohne Qualitäten, existiert der Urstoff als *Materia prima*, die eines der zentralen Rätsel der Alchemie ausmacht, denn der Weg des Großen Werkes beginnt mit dieser Ursubstanz, der Materie per se, und endet mit der *Materia ultima*, dem Stein der Weisen. Mit Poseidonios (135–51 v. Chr.) kam die Astrologie in das Denken der Stoa und wurde danach in die Alchemie integriert. Poseidonios erkannte durch Beobachtungen den Zusammenhang von Mondphasen und Gezeiten, worin er ein konkretes Beispiel für die Mikrokosmos-Makrokosmos-Parallele erblickte. Die Himmelskörper beeinflussen das Geschehen auf der Erde. Die Stoiker übernahmen das System der alten babylonischen Planetengötter in abgewandelter Form (an die Stelle babylonischer Götter traten griechisch-römische), und in der Alchemie wurden die Planetengötter mit den sieben klassischen Metallen identifiziert. Die «späten» Stoiker Seneca (4 v. Chr.–65 n. Chr.) und Marcus Aurelius (121–180 n. Chr.) beschäftigten sich nicht mehr mit Kosmologie, sondern beschränkten sich auf ethische Fragen und strebten nach einem Leben im Einklang mit der Allnatur; materielle Güter galten den Stoikern als völlig unbedeutend (daher kommt die «stoische Ruhe»).

Mehr noch als Pythagoräer und Stoiker beeinflusste vielleicht die *Gnosis* die sich entwickelnde Alchemie. Unter diesem Namen, der «Erkenntnis» bedeutet, fasst man eine Reihe spätantiker religiös-mystischer Bewegungen zusammen, in denen sowohl christliche wie babylonische, persische und ägyptische Vorstellungen vereinigt wurden und die im zweiten Jahrhundert n. Chr. in Alexandria ihre Blütezeit erlebte. Ihrem Charakter nach steht die Gnosis der Alchemie wesentlich näher als die griechische Philosophie, indem bei Gnosis wie Alchemie nicht so sehr das logische Denken, sondern das Bestreben, sich in die Schöpfung und deren Geheimnisse zu versenken und ihnen intuitiv nachzuspüren, eine wichtige Rolle spielt. Den Gnostikern ging es, wie der Name schon sagt, um Erkenntnis, aber nicht um Erkenntnis rationaler Zusammenhänge, sondern vielmehr darum, den in der Schöpfung wirkenden Gott zu erkennen, nachzuahmen und auf diese Weise selbst Macht über die Natur zu erlangen. Dieser Ansatz entspricht der alchemischen Zielsetzung, die nicht anstrebte, etwas in der Natur nicht Vorhandenes zu schaffen, sondern einen natürlichen Vorgang, das Reifen der Metalle in der Erde und deren natürliche Mutation, in beschleunigter Form nachzuahmen. Ferner besteht bei der Gnosis ein durchgängiger Dualismus von Gott und Materie als Gegensatz von Gut und Böse. Die Gnosis nahm hier die persische, auf Zarathustra (um 630–533) zurückgehende Vorstellung vom Lichtgott Ahura Masda auf, der mit dem Herrscher der Finsternis, Ahriman, im Kampf liegt. Der Lichtgott bzw. das göttliche Licht repräsentiert für die Gnostiker die gute, immaterielle, reine Seele, Ahriman die unvollkommene, das Niedere, Dunkle und moralisch Böse verkörpernde Materie. Am Ende der Zeiten steht die Niederlage Ahrimans, gnostisch interpretiert der Sieg des Geistes über die Materie.

Ein unerreichbar ferner höchster Gott überträgt das Schöpfungswerk der Welt untergeordneten Göttern, den *Demiurgen,* die den stufenweisen Abstieg des reinen, göttlichen Geistes in die Niederungen der sündhaften materiellen Welt bewerkstelligen. Die Demiurgen sind selbst nicht frei von Sünde und können daher keine vollkommene Welt schaffen. Nur die reine Seele stammt vom höchsten Gott, muss jedoch auf ihrem Weg ins Körperliche die Demiurgen passieren und dabei Mängel und Fehler aufnehmen, aber ihr verbleibt ein «Göttlicher Funke», dank dessen der Mensch sich selbst bzw. seine Seele reinigen kann. Diese Geringschätzung des Materiellen und die Überbetonung des Geistig-Seelischen als des einzig «Reinen» entsprechen vollkommen der christlichen Weltdeutung und stehen in klarem Gegensatz zur ägyptischen Auffassung. Die Alchemie greift das Gegensatz-Modell auf, modifiziert es aber in der Weise, dass keine Wertung zwischen Gegensatzpaaren erfolgt (ganz entsprechend etwa der Lehre des Taoismus). Für die Alchemie liegt der entscheidende Aspekt nicht auf der Überlegenheit eines von zwei Antipoden, sondern auf deren Aufgehen in einer «höheren» Synthese. Die Vorstellung des Demiurgen findet sich interessanterweise schon in Platos «Timaios», einem Dialog über den Kosmos. Hier erschafft der Demiurg die Welt, indem er einer ungeformten Urmaterie *(khora)* Form verleiht. Für Plato ist die Welt insgesamt ein Lebewesen, ausgestattet mit einer Seele und einem Körper, die sich in vollkommener Harmonie befinden. Der platonische Demiurg unterscheidet sich vom gnostischen in einem wesentlichen Punkt: Er erschafft keine mangelhafte Welt, der Gegensatz zwischen Geist oder Seele und Materie wird nicht im Sinne einer ethischen Rangordnung verstanden, sondern als die Voraussetzung der realen Welt, die Ausdruck und Ergebnis der ideellen Welt ist.

Die Lehre der Metallveredelung

Vor diesem geistigen Hintergrund nahm das alchemische Denken allmählich Gestalt an. Fundamental war die Annahme, dass man Gold oder Silber nicht nur imitieren, sondern wirklich erzeugen könne. Da die Metalle nicht als unveränderlich angesehen wurden, sondern – wie alle anderen Stoffe auch – aus den vier Elementen des Aristoteles zusammengesetzt sein sollten, stand einer solchen Transmutation prinzipiell nichts im Wege. Schon in den frühesten alchemischen Texten erscheint auch die Behauptung, dass diese Umwandlung mittels eines bestimmten Pulvers, das als «Stein der Philosophen», als «Stein, der kein Stein ist», oder als «Xerion» bezeichnet wird, möglich ist; mit Letzterem ist ein pulverförmiges Medikament gemeint, welches unedle Metalle im Umwandlungsprozess gewissermaßen heilt. Später setzte sich der Name «Stein der Weisen» bzw. *Lapis philosophorum* durch. Es entstand eine Theorie der Metallgenese, die einen praktisch gangbaren Weg zu diesem Ziel wies und Folgendes besagte: Alle Stoffe bestehen aus einer an sich formlosen Ursubstanz *(hyle, materia prima)*, die mittels einer Formkraft *(pneuma)* zu den vier Elementen wird, die sich ihrerseits zu den aktuell vorhandenen Körpern vereinigen. Die Unterschiede der konkreten Substanzen beruhen auf der unterschiedlichen Mischung der Elemente. Die Materie an sich wird passiv-empfangend und weiblich gedacht, das Pneuma erscheint aktiv-befruchtend und männlich. Die Materie ist letztlich die «Mutter Erde», auf der wir leben, die Formkraft ist astralen Ursprungs. Beide werden als gegensätzliche, aber gleichwertige Seinspole begriffen, die sich im Idealfall einer perfekten Vereinigung zu Gold verbinden. Im Gold sind die vier Elemente vollkommen harmonisch verbunden, in allen anderen Substanzen erfolgt diese Mischung und Vereinigung mehr oder weniger mangelhaft. Mit Hilfe der Alchemie vermag der *Adept* (der «Kundige») diesen natürlichen Vorgang im Labor nachzuahmen. Dazu müssen im Rahmen des *Opus magnum* (Großen Werkes) einige kritische Arbeitsschritte vollzogen werden:

Zunächst muss man einen geeigneten Ausgangsstoff in den oben erläuterten Urzustand der *Materia prima*, auch Chaos genannt, zurückführen. Welcher konkrete Körper sich dafür am besten eignet, ist unsicher. Von den frühen Autoren werden insbesondere das Blei, das Kupfer oder die sogenannte *Tetrasomie* genannt, eine Legierung der vier unedlen Metalle Blei, Kupfer, Zinn und Eisen. Die Hinzufügung eines kleinen Quantums echten Goldes oder Silbers als eine Art Metallsamen wird verschiedentlich empfohlen. Die erste Stufe des Opus ist mit der Farbe Schwarz verbunden (wird als «Nigredo» bezeichnet, auch als «Rabenhaupt» oder *«caput corvi»*). Der nächste Schritt besteht in der Neuzusammensetzung der Urmaterie und führt entweder direkt oder über eine als Pfauenschweif *(cauda pavonis)* bezeichnete Vielheit von glänzenden Farben zur Farbe Weiß (*Albedo*). In diesem Stadium des Opus vermag der schon fast ausgereifte Inhalt des *Vas hermeticum* (Gefäß des Hermes) schon Metalle zu verwandeln, zwar nicht in Gold, immerhin aber in Silber. Über eine vorwiegend in der frühen alchemischen Literatur genannte gelbe Phase *(Xanthosis, Citrinitas)* gelangt der Alchemist zur Stufe der Vollendung, dem Rot des Steins der Weisen *(Rubedo)*. Diese Farbe steht in der Alchemie für die höchste Vollendung und nicht etwa das dem Gold eigene Gelb.

Die Verbindung der unterschiedlichen Stufen des Prozesses mit bestimmten *Farben* verschaffte der Alchemie auch den Namen einer Färbekunst, und der «Stein» wurde deshalb auch als «Tinktur» (Färbemittel) bezeichnet. Im Großen Werk vollzieht sich der Prozess der Veredelung der Metalle durch Reifung, der im Erdinneren von selbst, jedoch sehr langsam stattfindet, innerhalb relativ kurzer Zeit – je nach Ansicht der Autoren in neun oder sieben Monaten, in Wochen oder Tagen (auch andere Zeitspannen kommen vor). Wegen des engen Zusammenhangs der Alchemie mit der Astrologie ist es auch wichtig, für die einzelnen Prozessschritte den richtigen Zeitpunkt zu bestimmen, der durch entsprechende Planetenkonstellationen gegeben ist. Wie das im Einzelnen zu erfolgen hat, ist allerdings alles andere als klar.

In seiner Arbeit wiederholt der Alchemist symbolisch den Isis-Osiris-Mythos: Zunächst wird die schon vorhandene Materie in die *Materia prima* zurückgeführt – die Tötung und Zerstückelung des Osiris; die Urmaterie wird neu zusammengesetzt zur perfekten Substanz des Goldes bzw. des Steins der Weisen, analog der Zeugung des Horuskindes durch den wiederbelebten Osiris. Dieses Motiv lässt sich in der alchemischen Bildsprache durchgängig auffinden, wo die Rückführung zur *Materia prima* als Tötung eines Königs und die anschließende Vereinigung der Gegensätze als Vereinigung des Königs mit der Königin dargestellt ist. Ebenso ist das *Opus magnum* auch mit einer Schwangerschaft oder dem Wachstum eines Getreidehalms aus einem Samen im Schoß der Erde vergleichbar. Das *Vas hermeticum,* das «hermetisch verschlossen» ist, brütet das Gold bzw. die Goldkoralle aus, allerdings bei höherer Temperatur, da es sich bei den Metallen – aufgrund ihrer Schmelzbarkeit – um dem Element Wasser nahestehende Stoffe handelt, die deshalb mit viel Feuer verbunden werden müssen. Sehr plastisch wird der anthropomorphe Charakter des *Opus magnum,* wenn einer der frühen Alchemisten, Zosimos von Panopolis, beschreibt, wie der (in geschmolzenem Zustand schwarz-rote) Schwefel mit dem weißen Quecksilber den roten Zinnober «zeugt», der in der Phiole des Alchemisten zu einem Menschlein *(androparion)* heranreift. Hier wird schon das Homunculus-Motiv sichtbar, das immer wieder die Metaphorik der Alchemie begleitet, dessen konkrete Umsetzung aber ebenfalls versucht wurde. Die Bereitung des «Steins» erlernt man in den heiligen Kultstätten Ägyptens und in den Bibliotheken der Ptolemäer, besonders aber im Serapeion, dem Tempel des Serapis in Alexandria, der ebenfalls eine große Bibliothek enthielt (nicht identisch mit der Bibliothek des Museion, der legendären Bibliothek der Alexandriner).

Auch wenn der Alchemist mit seinem Werk die Natur nachahmt, tritt in Form des Lapis doch ein in der Natur nicht vorhandener und daher von dem allsorgenden Schöpfer quasi auch nicht vorgesehener Stoff zutage. Dies war in der Welt des Christentums problematisch, wurde doch die göttliche Schöpfung mithin als unvollkommen erachtet und – noch problematischer – der Alchemist dadurch selbst zum Schöpfer und in gewisser Weise auch zum Heiland, der die unvollkommenen Metalle «erlöste» wie Christus die erbsündenbehaftete Menschheit. Daher waren die Alchemisten seit dem Sieg des Christentums in Europa stets bemüht, ihre christliche Glaubensreinheit zu betonen.

Die ersten Alchemisten

Die historischen Wurzeln der Alchemie und die wesentlichen Merkmale des Großen Werkes haben wir jetzt kennengelernt. Wer aber waren die Begründer der Alchemie? Welche Männer oder Frauen führten die erläuterten geistigen Strömungen zu einem neuen Ganzen zusammen (das übrigens erst die Araber «Alchemie» nannten)? Sicher sagen lässt sich, dass die Alchemie nicht von einem einzelnen Menschen konzipiert wurde (so, wie etwa Isaac Newton die klassische Mechanik begründete). Vielmehr fand ein heute nicht mehr im Einzelnen historisch rekonstruierbarer Prozess statt, in dem sich, vornehmlich in Alexandria, dem damaligen Zentrum aller abendländischen Gelehrsamkeit, viele gelehrte Naturphilosophen mit Fragen der Beschaffenheit der Materie, dem Wesen von Grundstoffen, der

Die ersten Alchemisten

Entstehung des Kosmos und der Beziehungen des Menschen zur Schöpfung insgesamt und seiner Bedeutung für diese und in ihr auseinandersetzten. Tradiertes Wissen wurde neu interpretiert, und es kam zu einer bis dahin historisch beispiellosen Verbindung von chemisch-technischer Praxis und Naturphilosophie. Wie jede große kulturelle Strömung besitzt auch die Alchemie einen Gründungsmythos, eine Figur, die am Anfang steht und von der alles ausging. In diesem Mythos wurden die vielen realen, aber unbekannten Träger dieser neuen Lehre zu einer Person verschmolzen. Dieser Vater der Alchemie trägt den Namen <u>Hermes Trismegistos.</u>

In der Gestalt dieses «dreimalgrößten Hermes» sind nicht nur eine unbekannte Zahl früher Alchemisten vereinigt, sondern auch zwei Götterfiguren, nämlich der ägyptische Thot und der griechische Hermes (der römische Merkur), der für die Hellenisten die göttliche Personifikation allen Wissens und des schöpferischen Geistes war. Auf diese Weise symbolisiert Hermes Trismegistos auch sehr treffend die Vereinigung von ägyptischem und griechischem Kulturgut zu einem neuen Ganzen. Jener Hermes sollte eine Vielzahl von Texten verfasst haben, die auf mehr oder weniger wundersame Weise in den Besitz der Sterblichen gelangten – die <u>Alchemie ist also das Ergebnis göttlicher Offenbarung.</u> Die Hermes-Texte entstanden vermutlich in der Zeit von 100 v. Chr. bis 300 n. Chr., und dies ist auch die Entstehungszeit der Alchemie. Ein zentraler Teil der hermetischen Schriften ist die rätselhafte «Tabula Smaragdina», eine Chiffre des Geheimnisses der Alchemie, die zum Leittext aller mystisch bestimmten Alchemie wurde. Dies ist der Wortlaut der «Smaragdtafel»:

Wahrlich, ohne Täuschung, sicher und das Allerwahrste. Was unten ist, ist so, wie das was oben ist: und was oben ist, ist so, wie das was unten ist, damit die Wunder des einen Dinges zustandegebracht werden. Und so, wie alle Dinge vom einen herstammten, durch die Meditation des einen, so kamen alle gewordenen Dinge von diesem einen Ding durch Angleichung. Sein Vater ist die Sonne, seine Mutter der Mond; der Wind hat es in seinem Bauch getragen. Seine Ernährerin ist die Erde.

Der Vater aller Vollendung dieser Welt ist hier. Seine Kraft ist vollkommen, wenn sie sich der Erde zugewendet hat. Trenne die Erde vom Feuer, das Feine vom Dichten, sorgfältig mit großer Geisteskraft. Es steigt von der Erde in den Himmel und wiederum steigt es zur Erde herunter und nimmt die Kraft des Oberen und des Unteren in sich auf. So wirst du den Ruhm der ganzen Welt haben. Daher wird von dir alle Dunkelheit fliehen. Hier ist die starke Kraft der ganzen Stärke; da sie jegliches subtile Ding überwältigt und jedes feste Ding durchdringt. So ist die Welt erschaffen worden. Daher kamen die wunderbaren Angleichungen, deren Modus dieser ist. So bin ich Hermes Trismegistos genannt, der ich die drei Teile der Philosophie des Universums besitze. Das ist das Ende dessen, was ich über das Werk der Sonne sagte.

Neben Hermes Trismegistos, nach dem die Alchemie sich zunächst auch benannte (Hermetische Kunst, *ars hermetica*), steht am Beginn auch die ebenfalls legendäre Gestalt des Agathodaimon. Dieser «gute Geist» war der Stadtgott von Alexandria, sein Symbol war Ouroboros, die sich selbst in den Schwanz beißende Schlange. Der Ouroboros ist weitaus älter als die Alchemie, seit ca. 2300 v. Chr. in Ägypten nachweisbar und auch bei anderen Kulturen des Altertums vorhanden, einschließlich der altnordischen Midgardschlange. Er spielt in der Alchemie eine herausragende Rolle und steht für den ewigen Kreislauf der Natur, für den Wandel, aber auch für die Einheit des Kosmos. Dies ist so zu verstehen, dass die Natur sich zwar ständig verändert, aber essenziell gleich bleibt. Der Fortbestand des Kosmos wird nicht durch statisches Verharren erreicht, in dem nichts entsteht und nichts vergeht, sondern durch zyklischen Wandel, der wie Tag und Nacht oder die Jahreszeiten immer wieder einen Endpunkt erreicht, der zugleich ein Anfang ist. Daher steht der Ouroboros ebenso für das Dunkle, Zerstörende wie für das Lichte, Schaffende.

Mit Zosimos von Panopolis gelangt die antike Alchemie zu einem gewissen Abschluss. Dieser älteste historisch fassbare Alchemist entstammte der oberägyptischen Stadt Panopolis und scheint schon in früher Jugend nach Alexandria gekommen zu sein. Seine Lebenszeit lässt sich auf das späte dritte und frühe vierte Jahrhundert eingrenzen. Offenbar stark von der Gnosis beeinflusst, setzte Zosimos die Alchemie in eine innere, psychologische Beziehung zum Alchemisten. Um zum Adepten, also zum Meister der Kunst Alchemia zu werden, muss sich der Alchemist nicht nur dem Studium der Schriften und der Natur widmen und von geeigneten Lehrern unterwiesen werden, er muss auch charakterlich geeignet, ja göttlich begnadet sein. Erlernbares Wissen und praktische Fähigkeiten allein reichen nicht, sie müssen durch visionäre und intuitive Erfahrungen ergänzt werden. Der Alchemist ist hier in besonders starkem Maß auch Magier. Zosimos schildert seine großartige Traumvision des *Opus magnum,* in welcher der «Kupfermensch» zum «Silber-» und schließlich zum «Goldmenschen» *(Chrysanthropos)* vervollkommnet wird. Hier wird erstmals eine unmittelbare Beziehung zwischen der Veredelung der Materie und derjenigen des Alchemisten hergestellt. Das *Opus* ist sowohl ein psychischer wie ein physischer Vorgang. Die Alchemie wird bei Zosimos zu einem ebenso beeindruckenden wie geheimnisvollen Gesamtgebilde aus Mystik, Magie, Naturerforschung und Selbsterfahrung. Darin liegt die bis heute andauernde Faszination begründet, die die Alchemie ausstrahlt.

2. Göttliche Botschaften – Christentum, Islam und die Alchemie

Die griechisch-alexandrinische Alchemie oder Von der Schwierigkeit, einen Text zu lesen

Ägypten, insbesondere Alexandria als Zentrum antiker Gelehrsamkeit und Forschung, blieb auch unter der römischen und byzantinischen Herrschaft mit der Alchemie eng verbunden. Das sich als Mittelpunkt des Ostreichs etablierende Konstantinopel spielte zunächst eine geringe Rolle, wurde aber nach der Islamisierung Ägyptens und immer größerer Teile Kleinasiens zu einer wichtigen Sammelstelle alchemischer Texte der Frühzeit. Eine Rolle als Stätte gelehrter Debatten und praktischer Forschung spielte die Stadt am Bosporus indes nicht. Man kann sagen, dass der heidnische Polytheismus der Alchemie förderlicher war als der christliche Monotheismus, was sich schon daran ablesen lässt, dass die Götter mit Planeten und diese wiederum mit den klassischen Metallen in Beziehung gesetzt wurden. Die ägyptische Religion eröffnete den Weg zu praktisch-technologischen Untersuchungen, der griechisch-römische Polytheismus erlaubte eine in vielerlei Hinsicht pragmatische Beziehung zwischen Göttern und Mensch(en), ermöglichte dadurch deren partielle Vermenschlichung und ihre Identifikation mit bestimmten Einzelaspekten des Lebens, beispielsweise in der Assoziationsfolge Mars-Krieg-Eisen oder der Beziehung der Alchemisten als Metallurgen zum Gott Vulkan.

Die Alchemie stand von Anfang an in enger Verbindung mit religiöser Mystik, visionären Erlebnissen und magischem Denken. Mit dem zunehmenden Einfluss des Christentums trat mehr und mehr die innere Schau und die allegorische Interpretation des alchemischen Transmutations- bzw. Transformationskonzepts gegenüber der laborpraktischen Alchemie in den Vordergrund, da die Alchemie – nicht ganz zu Unrecht – als eine Lehre heidnischen Ursprungs misstrauisch betrachtet wurde. Man strebte also nach moralischer Vervollkommnung und Gottgefälligkeit, was mit christlichen Wertvorstellungen besser vereinbar war als die Herstellung von Gold mit grundsätzlich unchristlichen Mitteln. Ohnehin wurde schon in den ersten alchemischen Schriften die «Reinheit» von Körper und Geist gefordert. Nicht aus schnödem Gewinnstreben sollte man nach dem Stein der Weisen trachten, sondern fromm, gottesfürchtig und uneigennützig nach der Gnosis, der Erkenntnis, streben. Nur dem reinen Adepten eröffnete sich dann der Weg zu Träumen und Visionen, die ihn mit dem «großen Geheimnis der ägyptischen Priester» vertraut machten, das diese nur mündlich oder in rätselhafter «die Dämonen täuschender» Form mitteilten. Diese Formulierungen entstammen frühen Textzeugnissen, zu deren Autoren neben Zosimos auch der noch vor der Zeitenwende schreibende Pseudo-Demokrit zählt. Lange Zeit nahm man an, dass der berühmte vorsokratische Naturphilosoph Demokrit von Abdera (460–371) der Verfasser dieser Texte sei, die sich mit der Imitation von Edelmetallen durch gold- bzw. silberähnliche Legierungen, durch das Färben von Oberflächen oder das Belegen derselben mit dünnen Schichten echten Metalls befassen. Wer der wahre Autor ist, konnte nicht eindeutig geklärt werden, Vermutungen weisen auf Bolos von Mendes (um 250–um 150), einen Philosophen mit einem Hang zu Magie, Mystik und Zauberei, der in Alexandria wirkte. Hier zeigt sich exemplarisch ein Problem, das die Alchemiegeschichtsschreibung von Anfang an begleitet, nämlich die Zuweisung von Texten zu bestimmten Verfassern. Nicht nur in der Antike, sondern zu allen Zeiten entstanden Werke, deren Autoren sich hinter Pseudonymen verbargen, die oft schwer und manchmal gar nicht zu enträtseln sind. Dazu kommt bei den aus der Antike und dem Mittelalter stammenden Texten noch das Problem der Abschriften: Da die Originale meistens verschollen sind (so auch im Falle des «echten» Demokrit), kennen wir nur Kopien, deren Schreiber in der Regel unbekannt sind, was wiederum zu der Frage führt, was wann von wem ergänzt, verändert oder auch weggelassen wurde. Daher ist es vielfach nicht möglich, eine verlässliche und präzise Zuordnung eines Textes zu einer Person oder einer Zeit vorzunehmen. Dieses Grundproblem der Forschung wird noch dadurch verschärft, dass die Alchemisten sich generell auf eine Ethik der Geheimhaltung beriefen, da die «Heilige Kunst» nicht in unwürdige Hände gelangen durfte. Um dies zu vermeiden, benutzte man die eben erwähnte «die Dämonen täuschende» Schreibweise, indem man die Aussagen hinter irreführenden Formulierungen und nur Eingeweihten verständlichen Chiffren und Symbolen verbarg. Dies macht es schwierig, die Werke vieler Autoren zu verstehen und herauszufinden, was sie tatsächlich wussten bzw. zu wissen glaubten oder womit andere getäuscht werden sollten. Ein gutes Beispiel für eine solche Rätselsprache, die Tiefe nur vortäuscht, ist der Ausspruch «Die Natur freut sich über die Natur, die Natur triumphiert über die Natur, die Natur herrscht über die Natur». Dieser Satz, über dessen Sinn oder Unsinn jeder selbst befinden möge, wurde von dem erwähnten Pseudo-Demokrit in einem nur in einer späteren Abschrift bekannten Werk mit dem Titel «Physika kai Mystika» mitgeteilt und einem legendären ägyptischen Magier und Alchemisten namens Ostanes zugeschrieben, von dem man nicht einmal weiß, ob er je gelebt hat.

Die Alchemie – Name, Sprache, Zeichen und Symbole

Der Name der Alchemie war, wie schon erwähnt, am Beginn anders und lautete Hermetische Kunst oder Hermetik. Wie der sich durch die Araber etablierende Name *Al-kimiya*, aus dem unsere Alchemie wurde, zustande kam, ist nicht genau geklärt. Die Silbe *Al* macht keine Schwierigkeiten, sie ist einfach ein arabischer Artikel, Alchemie heißt also «Die Chemie»; woher aber stammt das Wort *Kimiya*? Hier gibt es zwei Lesarten, die eine bezieht sich auf das griechische Wort *cheo* für «gießen» (von Metallen), und die Alchemie wäre somit ursprünglich die Kunst des Metallgießens. Möglich ist aber auch die Herleitung aus dem ägyptischen Wort *keme*, womit die «schwarze Erde» bzw. der fruchtbare schwarze Nilschlamm gemeint sein kann, der sich bei den jährlichen Überflutungen ablagerte. Im weiteren Sinn steht diese schwarze Erde für Ägypten überhaupt, und *Al-kimiya* wäre als die ägyptische Kunst zu übersetzen. Nicht unwichtig könnte in diesem Zusammenhang auch der Gedanke sein, dass dieser schwarze Schlamm als allgemeines Substrat der Fruchtbarkeit sehr gut mit dem Anfangszustand des schwarzen Chaos der *Materia prima* übereinkommt. Schließlich gibt es noch die Möglichkeit, dass im hellenistischen Ägypten eine Vermischung von *cheo* mit *keme* erfolgte, Alchemie also die ägyptische Metallschmelzkunst meint.

Nicht nur der Name «Alchemie» entzieht sich einer eindeutigen etymologischen Erklärung, auch die der Alchemie eigene Sprache lässt sich nicht ohne Weiteres verstehen, wobei die Probleme hier weniger linguistischer Natur sind als vielmehr mit dem Wesen und Selbstverständnis der Alchemisten zu tun haben, was ja schon angedeutet wurde. Die geheimen Rituale und Sprüche der ägyptischen Priester mischten sich in der alexandrinischen Epoche mit den ebenso geheimen und geheimnisvollen

Ritualen und Reden gnostischer Kulte, wobei, in den Worten des bedeutenden Alchemiehistorikers Edmund von Lippmann, «Ägypten allmählich zur ‹Hochschule› der Betrüger, Schwindler und betrogenen Betrüger heranreifte».

Einerseits ging es dabei darum, eine Aura des mit geheimem und entsprechend wirkmächtigem Wissen ausgestatteten Magiers zu erzeugen, also eine bestimmte Außenwirkung zu erreichen, andererseits spielte aber die Überzeugung eine maßgebliche Rolle, dass die Dinge und Wesenheiten (beides in gnostischer Sicht nicht zu unterscheiden) bestimmte «wahre» Namen besitzen, deren Kenntnis dem Magier Macht über diese Dinge und Wesenheiten verleiht. Dieser Gedanke erscheint etwa bei dem christlichen Gnostiker Origenes (185–254) und dem Neoplatoniker Iamblichos (240/45–320/25). Es komme darauf an, stellt Letzterer in einem von ihm oder seinen Schülern verfassten Mysterienbuch klar, dass man diese Namen in der ägyptischen oder chaldäischen Ursprache kennen müsse und allein diese Worte magische Macht besäßen, da «solche fremde Ausdrücke durch jede Übersetzung die Emphase und Kürze des Originals verlieren, das den Göttern auch das gewohntere und angenehmere ist».

Zu diesen begrifflichen Besonderheiten der Sprache der Alchemie kommen noch spezifische Notationsformen. In den alchemischen Werken tauchen schon recht bald *Symbole* für Gold und Silber auf, die mit den astrologischen Zeichen für Sonne und Mond übereinstimmen. Der Kreis, oft mit einem Punkt in der Mitte (nach ägyptischer Lesart die im Sonnenleib reifende, embryonale Sonne des kommenden Tages), stand schon im Alten Reich für die Sonne, und dass das Gold ein Sonnenmetall ist, leuchtet unmittelbar ein. Ebenso war ein der Mondsichel ähnliches Zeichen dem Mond und dieser wiederum dem Silber zugeordnet. Im «Papyrus Leiden» erscheint das Sonnensymbol zudem mit der Bedeutung Himmel oder Kosmos. Schwieriger ist es, die anderen Planetenzuordnungen und die vielfältigen Symbole für zahlreiche chemische Substanzen zu erklären. Die neuere Literatur macht dazu keine Aussagen oder greift auf ältere Werke zurück (Kocku von Stuckrad erwähnt in seinem

Buch «Geschichte der Astrologie» aus dem Jahr 2003 das Wort «Planetenzeichen bzw. -symbol» überhaupt nicht). Sicher erscheint lediglich, dass die Planetenzeichen auf die Metalle übertragen wurden und nicht umgekehrt. Eine sehr frühe Quelle, in der Planeten und Metalle in Beziehung gesetzt werden, machte der Kameralist, Ingenieur, Wissenschafts- und Technikhistoriker Johann Beckmann (1739–1811) aus, dem wir den Begriff «Technologie» verdanken. Im dritten Band seiner «Beyträge zur Geschichte der Erfindungen», erschienen im Jahr 1792, verweist Beckmann auf eine Verteidigungsschrift des Origenes gegen den im späten zweiten Jahrhundert lebenden Neoplatoniker Celsus (griech. Kelsos), der die älteste bekannte philosophische Streitschrift (betitelt «Wahre Lehre») gegen die christliche Lehre verfasst hatte. Die Schrift des Celsus ist verloren, aber ihr Inhalt lässt sich aus der Gegenrede des Origenes erschließen. Celsus hatte den Christen vorgeworfen, ihre Vorstellung von den (sprichwörtlichen) Sieben Himmeln vom persischen Mithraskult übernommen zu haben. Zu den sieben Himmeln würden sieben Pforten führen, die erste sei aus Blei, die zweite aus Zinn, die dritte aus Kupfer, die vierte aus Eisen, die fünfte aus einem vermischten Metall, die sechste aus Silber und die siebte aus Gold. Dabei seien die Pforten mit den Planeten Saturn, Venus, Jupiter, Merkur, Mars, Mond und Sonne verbunden. Zur Verdeutlichung: Dies ist, Celsus zufolge, die bei den Anhängern des Mithras geltende Auffassung, deren Übernahme Celsus den Christen unterstellt und die Origenes bestreitet; die Verbindung von Metallen, Göttern und Planeten würde demzufolge bei den Persern schon in vorchristlicher Zeit existiert haben. Ob dies stimmt, sei dahingestellt, jedenfalls bestand eine solche Ansicht bei Celsus gegen Ende des zweiten Jahrhunderts. In diesem Zusammenhang verweist Beckmann auch auf die besondere zahlenmagische Bedeutung der Sieben bei den Völkern der Antike, die ja in enger Verbindung mit dem Mond und damit der Sphäre der Planeten steht. Es erscheint durchaus plausibel, dass man sich bemühte, eine Verbindung zwischen den sieben Planeten und den sieben Metallen herzustellen. Ebenfalls schon vor längerer Zeit entwickelte der Philologe und Polyhistor Claudius

Salmasius (Claude de Saumaise, 1588–1653) in seinen Studien zur Naturgeschichte des Plinius («Plinianae exercitationes in Solinum», Paris 1629) auch eine Theorie zur Erklärung der Planetensymbole, die besagte, dass diese (abgesehen von den Zeichen für Sonne und Mond) aus Abkürzungen der griechischen Götternamen hervorgegangen seien. Ich schließe mich der von Lippmann vertretenen Meinung an, dass dies die nach wie vor plausibelste Erklärung ist. Fassen wir also zusammen: Zunächst wurden im Rahmen der Astrologie die Wandelsterne plus Sonne und Mond mit Göttern in Beziehung gesetzt und im zweiten oder dritten Jahrhundert n. Chr. schrittweise auch mit den «klassischen» Metallen. Die Planetensymbole entwickelten sich aus den Abbreviaturen der griechischen Götternamen.

Damit wäre diese Frage so weit als möglich geklärt? Nicht ganz. Die oben beschriebene Zuordnung der Metalle zu den einzelnen Planeten stimmt nicht mit der in der Alchemie üblichen überein, und außerdem ist bei dem fünften Planeten von einem «vermischten Metall» die Rede, worunter wahrscheinlich die als *Elektron* bekannte Gold-Silber-Legierung zu verstehen ist. Das uns als siebtes Metall geläufige Quecksilber wird dagegen nicht genannt. Der erste Punkt lässt sich auf schlichte Abschreibungsfehler bzw. auf willkürliche Eingriffe von Kopisten zurückführen, zumal es – außer bei Sonne und Mond – keine evidenten Zuweisungskriterien gibt. Im Laufe der Zeit verfestigte sich die Abfolge Gold–Sonne, Silber–Mond, Kupfer–Venus, Eisen–Mars und Blei–Saturn. Es fehlt der Merkur, der anfangs mit dem Zinn verbunden war, während Jupiter das Elektron beigeordnet wurde. Dies veränderte sich im vierten Jahrhundert, als man feststellte, dass sich Quecksilber destillieren lässt. Bis dahin wegen seiner Eigenschaft, bei Raumtemperatur flüssig zu sein, als Mischung der Elemente Wasser und Erde betrachtet und der passiven, substanzhaften Hyle zugeordnet, erkannte man nun die flüchtige, geistige Natur des Quecksilbers und verband es mit dem durchdringenden, aktiven, formgebenden Pneuma. Der göttlich-planetare Träger des Pneumas wiederum war Hermes/Merkur, der von da an mit dem Quecksilber identifiziert wurde.

Die Planetenzeichen verweisen auf die Metalle, sind Symbole derselben. Eine analoge Schreibung gibt es nicht nur für die Metalle, sondern für Stoffe und Laborverrichtungen aller Art, und man muss sich mit diesen Zeichen vertraut machen, wenn man alchemische Schriften lesen will. Was ist ein Symbol, und wie unterscheidet es sich von einer chemischen Formel? Ein Symbol steht generell stellvertretend für einen Gegenstand oder einen Begriff. Das griechische Wort *symballein* bedeutet «zusammenwerfen» und drückt die Verbindung zwischen dem Symbol und dem Symbolisierten aus. In der Alchemie gibt es eine Unzahl von Symbolen, eine allgemeingültige, einheitliche und eindeutige Zuordnung eines Zeichens zu einem bestimmten Objekt oder Begriff ist jedoch unmöglich. Im Gegensatz dazu wird eine chemische Formel aufgrund einer verbindlichen Konvention erstellt, gilt nur für eine einzige Verbindung und ist Ausdruck definierter theoretischer Vorstellungen von der Beschaffenheit des mit der Formel bezeichneten Körpers. Formeln und Symbole sind grundsätzlich verschieden. Ein alchemisches Symbol kann sich im Laufe der Zeit sowohl in seiner Form wie in seinem Bezug ändern, kann auch mehrere Begriffe gleichzeitig symbolisieren, eine Formel nicht. Werden Formeln in einen sinnvollen Zusammenhang gestellt, ergibt sich eine Reaktionsgleichung, die das Verhalten mehrerer Substanzen zueinander anstatt mit Worten mit Zeichen wiedergibt. Werden Symbole in einen Zusammenhang gestellt, entsteht eine Allegorie, ein in der Alchemie verbreitetes Mittel der Darstellung von Sachverhalten. Die allgemeine Verwendung alchemischer Symbole auf breiter Ebene setzte sich allerdings erst in der Epoche der arabischen Alchemie, nicht vor dem achten oder neunten Jahrhundert durch.

Al-kimiya, Alkali, Al-iksir –
Die islamisch-arabische Alchemie

Kurz nach dem Tod des Propheten Mohammed im Jahr 632 begann eine Periode ungemein rascher kriegerischer Expansion. Die unter der Fahne des Islam geeinten Araberstämme eroberten Mesopotamien, Ägypten und die gesamte Küstenregion am

Südrand des Mittelmeeres. Das in kurzer Frist entstandene sich bis auf die Iberische Halbinsel erstreckende arabisch-islamische Großreich mit Damaskus als Hauptstadt wurde von Kalifen aus der Dynastie der Umayyaden (Omaijaden) regiert. Ähnlich wie rund 1000 Jahre vor ihnen die Ptolemäer respektierten auch die Kalifen die persisch-babylonische wie die ägyptisch-griechische Kultur und ließen sie weitgehend intakt, abgesehen davon natürlich, dass der Islam als Staatsreligion eingeführt wurde.

Selbstverständlich hatten die arabischen Eroberer keine Kenntnisse der griechischen Sprache, die alchemischen Texte mussten also übersetzt werden. Hier ergab sich die Schwierigkeit, dass die arabische Schriftkultur selbst erst im Werden begriffen war. Die Übersetzungen der «Alchemica» und «Astrologica» erfolgten daher bis ins achte Jahrhundert vom Griechischen ins Syrische und danach schrittweise ins Arabische. Im Lauf des zehnten Jahrhunderts wurde mehr und mehr direkt ins Arabische übersetzt. Es ist völlig klar, dass bei diesen Übersetzungen auch Veränderungen in und an den Texten erfolgten, ein Prozess, der sich später wiederholte, als arabische Werke ins Lateinische übertragen wurden.

Die geistig-religiöse Offenheit der arabischen Eroberer tritt uns exemplarisch in der Person des ersten namhaften arabischen Alchemisten entgegen, des umayyadischen Prinzen Khalid ibn Yazid (um 635–704). Nach erfolglosen Bemühungen, selbst Kalif zu werden, zog sich Khalid nach Alexandria zurück und begann, sich mit Medizin, Astrologie und Alchemie zu beschäftigen. In dem von dem schiitischen Gelehrten Ibn an-Nadim (gest. 995/98) 938 fertiggestellten enzyklopädischen Werk «Kitab al-Fihrist» («Buch des Katalogs»), in dem der Alchemie breiter Raum gewidmet wird, erscheint Prinz Khalid als der Erste, der die Übersetzung griechischer Werke anordnete und sich selbst als Autor betätigte. Ihm wird ein «Paradies der Weisheit» betiteltes Lehrgedicht zugeschrieben, von dessen 2315 Versen allerdings nur ein einziger erhalten blieb. In der Übersetzung von Edmund von Lippmann lautet dieser: «Nimm Talk, dazu ammonisch Salz, und was Du findest auf der Straße. Dann etwas, das dem Baurak [Alkali] gleicht, und mische es im rechten

Maß. Was höchste Macht der Welt verleiht, das wird dem Mann gewährt, der alles dies genau vollbringt und fromm den Allah ehrt.» Dies soll eine Anleitung zur Herstellung des Lapis sein, der «höchste Macht der Welt verleiht», allerdings nur demjenigen, der alles «genau vollbringt» und zudem «Allah ehrt». Ob dieser Vers von Khalid stammt oder nicht, ist unsicher, bestimmt aber ist er ein gutes Beispiel für die Schreibweise der Alchemisten. Ein angehender Adept würde sich sogleich den Kopf zerbrechen, über dieses «was Du findest auf der Straße» und jenes «das dem Baurak gleicht». Selbst wenn diese höchst schwierigen Fragen geklärt wären, bliebe noch das Problem, die Zutaten «im rechten Maß» zu mischen. Praktisch kann man mit einer solchen Anweisung gar nichts anfangen.

Immerhin soll Khalid seine alchemische Weisheit von dem legendären Mönch Morienus erlangt haben, der als sein Lehrer fungierte, wie der «Fihrist» berichtet. Morienus ist sehr wahrscheinlich eine Kunstfigur, zeigt aber die Etablierung einer Traditionslinie vom griechisch-alexandrinischen Heidentum über das frühe Christentum zum Islam auf. Morienus erlangte in der europäischen Alchemie eine herausragende Stellung als Gründervater, denn er soll der Verfasser der um 1144 von Robert von Chester (Robertus Castrensis) aus dem Arabischen übersetzten Schrift «De compositione alchimiae», der ersten alchemischen Schrift des lateinischen Mittelalters (im Unterschied zum byzantinischen Kulturraum), gewesen sein. Bei Morienus tauchen zahlreiche Arabismen auf, die sich, meist in leicht modifizierter Form, im chemischen Sprachgebrauch erhalten haben, etwa *Alkali*, *Alnatron*, *Almagra* (wurde zu Amalgam) und *Al-iksir* (der Stein), aus dem unser «Elixier» wurde.

Arabische Alchemisten – Jabir ibn Hayyan und die «Treuen Brüder»

Die Araber wirkten in hohem Maße als Bewahrer und Vermittler und auch als Weiterentwickler alchemischen Gedankengutes. Neben einigen Schriften, die hier unberücksichtigt bleiben müssen, treten zwei Textcorpora besonders hervor, die Werke des

Jabir ibn Hayyan und die Schriften der «Treuen Brüder». Die Urheberschaft der Schriften Jabirs, den die Lateiner «Geber» nannten, bot Anlass für viele lang anhaltende Verwirrungen. Man vermutete nämlich hinter zwei zeitlich um mehrere Jahrhunderte versetzt erschienenen Textsammlungen denselben Autor, eben einen Araber mit Namen Jabir ibn Hayyan, der am Ende des achten und zu Beginn des neunten Jahrhunderts gelebt haben soll. Erst zu Beginn des 20. Jahrhunderts erkannte man, dass neben dem arabischen Jabir gegen Ende des 13. Jahrhunderts in Italien ein «lateinischer Geber» existierte, der sich zwar auf Jabir stützte, aber eigenständige Werke schuf.

Schon die arabischen Autoren und Kommentatoren schrieben Jabir eine Vielzahl von Schriften zu, die er unmöglich alle hätte verfassen können. Heute nimmt man an, dass es sich bei Jabir vermutlich um eine historische Person handelt, über die aber kaum etwas bekannt ist. Um ihn herum entstand um das Jahr 800 eine alchemische Schule, von der eine Reihe von Büchern stammen dürfte; auch hier steht die Forschung vor dem Problem, die Werke zeitlich und inhaltlich ein- und zuzuordnen.

Im «Buch der Gleichgewichte» ist dargelegt, dass jeder Körper alle vier Elemente enthalte, wobei hier das Feuer mit dem Geist *(spiritus)* und die Luft mit der Seele *(anima)* gleichgesetzt werden. Die eigentlich wichtige Aufgabe besteht in der Auswahl der richtigen Materien, die neu vermischt den *Stein* ergeben. Hierbei müsse man sowohl die Stellung der Gestirne beachten wie die Namen der Stoffe, die eng mit deren innerem Wesen verbunden sind. Besonders empfohlen als Ausgangsmaterial wird der *Markasit*. Was darunter genau zu verstehen ist, bleibt unklar, denn der Ausdruck Markasit bezeichnet eine nicht präzise definierte Gruppe glänzender, meist sulfidischer Mineralien. Der aus der rechten Vermischung der Elemente hervorgehende Lapis oder *Al-iksir* sei purpurfarben, glänzend wie eine Perle, wachsweich und völlig feuerbeständig. Im «Buch des Quecksilbers» wird dessen besondere Bedeutung für die Bildung der Metalle betont, es selbst aber nicht zu den Metallen gerechnet. In den einzelnen Werken werden auch einige Arbeitsverfahren erläutert, darunter die Destillation und die Gewinnung von Metallen aus ihren Erzen, allerdings ohne auf Einzelheiten einzugehen. Interessant jedoch ist der Hinweis, neben den richtigen Verfahren sei auch die Kenntnis der richtigen «Sprüche und Formeln» von großer Wichtigkeit, was einmal mehr die enge Verwandtschaft der Alchemie mit anderen magischen Praktiken belegt.

Um die Mitte des zehnten Jahrhunderts entstand in Basra im heutigen Irak eine Geheimgesellschaft, die als die «Treuen Brüder» bekannt ist. Geheim war die Gruppe der Brüder, weil sie sich nicht nur wissenschaftlich, sondern auch religiös-politisch engagierte und eine Versöhnung der Naturmagie mit dem «wahren» Islam herbeiführen wollte, was orthodoxen Lehren widersprach. Besonders neuplatonisch-neupythagoräisches Gedankengut tritt uns in diesen Texten entgegen, mit einer Kosmologie, die sich prägend auf die spätere Alchemie auswirkte. Der Urgrund des Kosmos ist die Weltseele, aus der die Urmaterie bzw. das Chaos hervorgeht, das zusammen mit der ebenfalls der Weltseele entstammenden Formkraft zunächst die vier Grundqualitäten und in deren Folge die vier Elemente erschafft. Der Kosmos gliedert sich in zwei große Bereiche, den überirdischen und den irdischen. Die vier Elemente existieren nur in der irdischen Sphäre, denn sie sind wandelbar und wie alles Irdische steten Veränderungen unterworfen. Das Kennzeichen des Himmlischen ist dagegen die Dauer, das Gleichmaß und die Unveränderlichkeit. In dieser Sphäre herrscht die *Quinta Essentia*, das «Fünfte Wesentliche», das von der irdischen Materie grundlegend verschiedene Himmelselement. Bei Aristoteles ist dieser *Äther* noch ein immaterieller göttlicher Atem, bei den Stoikern wird er zu einer sehr feinen Materie.

Von den irdischen Elementen steht das Feuer der Quintessenz nahe, die einem Feuer ohne Wärme gleicht, alles durchdringt und den Kosmos bis herab zur Mondsphäre erfüllt. Je substanzloser ein Element erscheint, desto enger ist seine Beziehung zur formgebenden Kraft, die wiederum mit dem schöpferischen Wort, dem *Logos*, gleichgesetzt wird und in den *Logoi spermatikoi*, den «samenbergenden Worten», etwas Paradoxes erschafft, nämlich ein materieloses Teilchen, das die Materie formt. Die Luft ist der unentbehrliche Lebensgeist, der das Herz erwärmt; sie kann aber auch, z. B. in Gruben und Bergwerken, ihre Natur ändern und erstickend werden. Durch Schwingungen in der Luft entstehen die Töne, die in Form der Musik unmittelbar auf die menschliche Seele einwirken. Das Wasser kann als Dunst emporschweben und als Tropfen niederfallen, steht also der Luft nahe, in Form von Eis und Schnee aber auch der Erde. Das Wasser ist das wandelbarste der Elemente und verantwortlich für den fruchtbringenden Regen oder die Bewässerung durch Flüsse und Bäche. Auch verändert das Wasser beim Eindringen in die Erde seine Eigenschaften und kann salzig, scharf oder sauer werden, indem es Stoffe aus der Erde aufnimmt. Aus solchen Salzlösungen können wiederum Mineralien oder Metalle entstehen, und man kann sich die Eigenschaften des Wassers bei der Destillation zunutze machen. Die Erde schließlich steht dem allgemeinen Substrat, der Matrix, der Urmaterie, nahe, empfängt und gebärt. In ihr und auf ihr wächst und verändert sich alles, und zwar kontinuierlich und ohne abrupte Sprünge. So formen sich die drei Reiche der Mineralien, Pflanzen und Tiere. Zu Letzterem gehört auch der Mensch, das «erhabenste Tier».

Schon Aristoteles hatte die vier Elemente in zwei Gruppen unterteilt, Feuer und Luft auf der einen, Wasser und Erde auf der anderen Seite, die eine aktiv, die andere passiv. Bei den Treuen Brüdern wird dieser Gedanke fortgeführt, und zwei *Prinzipien* werden postuliert, die zwischen den vier Elementen und den realen Substanzen stehen. Feuer und Luft gehören danach zum «Prinzip Sulphur», wogegen Wasser und Erde das «Prinzip Mercurius» bilden. Ich spreche hier bewusst von «Sulphur» und «Mercurius», um die beiden Prinzipien begrifflich von den Stoffen Schwefel und Quecksilber zu trennen. Zwar stehen diese beiden realen Substanzen den entsprechenden Prinzipien nahe, sind aber nicht mit ihnen identisch.

Die Alchemie im Abendland –
Eine Renaissance im Mittelalter

Im Hochmittelalter drang arabisch-orientalisches und damit auch alchemisches Kulturgut über das immer noch großteils von Arabern beherrschte Spanien nach Westeuropa vor. Ich spreche hier absichtlich von «arabisch-orientalischem» Kulturgut, da der Transfer ein im Kern alexandrinisches, aber durch die syrisch-arabische Adaption dennoch merklich überformtes Wissen betraf. In Spanien wirkte herausragend die Übersetzerschule von Toledo an der Weitergabe philosophischer, naturphilosophischer, naturmagischer und medizinischer Werke in den Kulturraum der Lateiner. Daneben bestand auch im südlichen Italien in Salerno ein ähnliches Zentrum. Geografisch umfasst der Bereich, auf den dieses neue Gedankengut einwirkte, England, Irland, Frankreich und das sogenannte Römische Reich, also den östlichen und südlichen Teil des Reichs Karls des Großen. Sprachlich verlief die Überlieferungskette vom Griechischen über das Syrische zum Arabischen und endlich zum Lateinischen. Dass dabei mannigfache absichtliche und unbeabsichtigte Veränderungen der alexandrischen Texte vorkamen, liegt auf der Hand. Aber auch genuin arabische Ergänzungen ließen sich nicht ohne Weiteres lateinisch ausdrücken, weil den Übersetzern vielfach entsprechende Begriffe fehlten, was die zahlreichen Arabismen erklärt. Abgesehen von einigen wenigen Vorläufern erfolgte der skizzierte Kulturtransfer vornehmlich im elften und zwölften Jahrhundert.

Der Impuls für den intellektuellen Aus- und Aufbruch kam aus der spanisch-arabischen Kultur, deren Aneignung mit den Namen Adelard von Bath (um 1070–1146), Alanus ab Insulis (um 1125–1203), Petrus Abaelardus (1079–1142) und Gerbert von Aurillac (um 950–1003, seit 999 Papst Silvester II.) verbunden ist. Letzterer etablierte durch seinen Schüler Fulbert von Chartres (um 950–1028/29) die berühmte «Schule von Chartres», in der die moderne, vernunftbasierte Art zu denken gepflegt und die Fächer des *Quadriviums* (Arithmetik, Geometrie,

Astronomie/Astrologie und Musik) als universitärer Lehrkanon zur Blüte gebracht wurden.

Die ersten Alchemisten des Abendlandes

Wir können die komplizierte und seit dem 13. Jahrhundert auch umfangreiche Einverleibung alchemischer und naturphilosophischer Lehren in die europäische Wissenswelt hier nicht im Einzelnen verfolgen, weshalb ich mich auf einige herausragende Alchemisten beschränken muss. Das erste alchemische Werk, das ins Lateinische übertragen wurde, war der «Liber de compositione alchemiae» (Buch über die Natur der Alchemie) anno 1144 durch Robert von Chester (Robertus Castrensis, auch Robertus Ketenensis). Der «Liber» ist eine Zusammenfassung der dem Prinzen Khalid erteilten Lehren des schon erwähnten Morienus. Der «Liber de aluminibus et salibus» (Buch der Alaune und Salze) entstand vermutlich in Spanien und war zum Zeitpunkt seiner Übertragung ins Lateinische noch relativ neuen Datums. Der Verfasser ist unbekannt, der Text folgt vielfach Jabir und dem persischen Arzt und Alchemisten Rhazes (um 854–925/35), dessen Werke wiederum den gleich vorzustellenden berühmtesten lateinischen Alchemisten des Mittelalters, Geber latinus, beeinflussten. Das Buch der Alaune und Salze ist weitgehend praktisch ausgerichtet, vertritt aber auch, wie nicht anders zu erwarten, die Sulphur-Mercurius-Lehre, wobei der Mercurius mit dem Geist *(spiritus)*, der Sulphur mit der Seele *(anima)* in Bezug gesetzt wird. Problematisch und folgenreich ist die Vermischung naturphilosophischer und empirischer Begriffe, konkret die Vermischung von Mercurius/Sulphur mit Quecksilber/Schwefel, die die Trennung zwischen der spekulativen Lehre und der praktischen Laborarbeit verwischte und zu einer dauerhaften Begriffsverwirrung führte.

Roger Bacon (1214/20 – nach 1292) war einer der Begründer der abendländischen Naturforschung. Um 1257 trat Bacon dem Franziskanerorden bei und verfasste bis etwa 1270 seine Werke «Opus maius», «Opus minus» und «Opus tertium». Bacons großes Interesse an der Alchemie wird vor allem im «Opus minus» und im «Opus tertium» deutlich. Er unterscheidet zwischen der *spekulativen* oder theoretischen und der *operativen* oder angewandten Alchemie. Erstere ist die Grundlage der Medizin und der Naturphilosophie, da sie mit ihrer Materielehre die Basis anderer Naturlehren bildet. Erstmals im Abendland findet sich bei Bacon auch die Vorstellung, mittels der Alchemie das menschliche Leben zu verlängern. Seine Empfehlungen, alchemische Medikamente aus Blut, Quecksilber und anderen Zusätzen herzustellen, wurden von Paracelsus aufgegriffen und fortgeführt, fanden ihren Niederschlag aber auch in der Idee des Lapis als Allheilmittel *(Panacee)*. Bacon war überzeugt, die perfekte Substanzmischung des «Steines» könne den leidenden Menschenleib ebenso veredeln wie ein unvollkommenes («krankes») Metall.

Der berühmteste Universalgelehrte des Hoch- und Spätmittelalters war Albert von Lauingen (vor 1200–1280), der den ehrenden Namenszusatz «Magnus» erhielt, auch «Doctor universalis» betitelt wurde. Er war es, der der Philosophie des Aristoteles Eingang in die christliche Gelehrsamkeit verschaffte, eine für die abendländische Geistesgeschichte zentrale Leistung, die von seinem Schüler Thomas von Aquin weitergeführt wurde. Wegen seiner umfassenden Kenntnisse wurde Albert nach seinem Tod in vielerlei Legenden als Magier und sogar als Teufelsbündler verdächtigt und trägt daher schon Züge des erst lange nach ihm entstehenden Faust-Mythos. Im eigentlichen Sinn alchemische Werke aus seiner Feder sind nicht bekannt. Das bezüglich der Alchemie wichtigste Werk Alberts ist sein Buch über die Minerale («De Mineralibus»), in dessen drittem Kapitel er die materielle, wirkende und formende Ursache der Bildung von Metallen und die Möglichkeit einer Transmutation untersucht. Wie Bacon weist auch Albert der Alchemie den höchsten Stellenwert innerhalb der Naturphilosophie zu, da sie die Natur am besten nachahme, ihr somit am nächsten komme. Er räumte ein, dass natürliche wie künstliche Prozesse die Farbe, das Gewicht und den Geruch eines Metalls ändern können, hielt aber deren prinzipielle Natur für unveränderbar, eine Transmutation also für unmöglich.

Die Reihe der bedeutenden Alchemisten des Mittelalters soll durch Geber latinus abgeschlossen werden. Wie schon gesagt, wurde dieser Autor lange Zeit mit Jabir ibn Hayyan gleichgesetzt; heute hält man einen biografisch nur mangelhaft fassbaren Franziskanermönch namens Paulus, der um das Jahr 1300 in Tarent *(Taranto)* in Apulien lebte, für den Autor zumindest der Hauptschrift des Geber latinus, der «Summa perfectionis magisterii» (Höchste Vollendung des Meisterwerks). Wie bei Jabir, dem «Geber arabicus», existieren auch hier mehrere Werke, die im Umfeld dieses Paulus von Taranto entstanden und unter dem Signum «Geber» erschienen. Sämtliche Schriften bilden den «Geber-latinus-Corpus», dessen Inhalt in kurzen Zügen erläutert werden soll, und zwar ohne Rücksicht darauf, ob Paulus oder ein unbekannter anderer Verfasser dahintersteht. Geber misst der Alchemie das Potenzial zu, alles zu erzeugen, was nicht Leben und Seele hat. Damit wendet er sich von der Vorstellung einer allbelebten und allbeseelten Welt ab und unterscheidet zwischen zwei grundlegenden Erscheinungsformen der Materie, die aber beide aus den vier Elementen und den zwei Prinzipien bestehen sollen. Geber entspricht hier der modernen Begrifflichkeit mit ihrer Unterscheidung von lebender und toter Materie. Die tote Materie kann der Alchemist auch in ihren Primärqualitäten wandeln, also in der Mischung der Prinzipien grundlegend neu formen, während der «normale» Handwerker nur Sekundärqualitäten wie die Farbe verändern kann. Wie Roger Bacon und Rhazes misst Geber dem Experiment große Bedeutung bei. Am Beginn steht die Theorie, die aber der Bestätigung durch das Experiment bedarf.

Zwei weitere Neuerungen erscheinen in den Geber-Texten, eine an Geber arabicus (Jabir) und Rhazes anschließende Korpuskulartheorie und die hier erstmals formulierte «Reine Mercurius-Theorie». Die Elemente selbst bestehen danach aus kleinsten Teilchen, den *Korpuskeln*, die sich zu den nächstgrößeren Basisteilchen, den *Prinzipien*, zusammenfügen, die ihrerseits dann die realen Substanzen formen. Die Korpuskeln sind von unterschiedlicher Größe. Kleine sind leicht beweglich und daher flüchtig, große können sich nicht sehr dicht zusammenlagern, weil größere Zwischenräume bleiben (die von kleineren Korpuskeln gefüllt werden müssen, denn einen leeren Raum gibt es nicht). Ideal sind daher mittelgroße Korpuskel, die die *mediocris substantia* bilden. Die unterschiedlich dichte Zusammenlagerung von Korpuskeln führt zu der unterschiedlichen Dichte etwa der Metalle. Im Gegensatz zu den *minima naturalia*, die Aristoteles in seiner «Physik» beschreibt, handelt es sich bei den Korpuskeln Gebers um reale, nicht um theoretisch denkbare letzte Teilchen. Aus der Korpuskularlehre leitet Geber die «Nur-Mercurius-Lehre» ab. Natürliches Quecksilber enthält Verunreinigungen, die es volatil machen, der Mercurius hingegen ist davon frei und das eigentlich metallbildende Prinzip. Im Gold, dem vollkommensten aller Metalle, wirkt der Sulphur nicht mehr als echter Bestandteil, sondern kommt nur in Spuren als Färbestoff vor. Um zum wahren Mercurius zu gelangen, muss man also das Quecksilber «fixieren», nämlich seiner Flüchtigkeit berauben. Die Fixierung des Quecksilbers (nicht zu verwechseln mit seiner Amalgamierung!) wird zu einem Hauptmysterium der Alchemie, das zu erlangen jeder angehende Adept sich bemühte. Durch vorsichtigen und wiederholten Entzug der zu kleinen, flüchtigen Bestandteile wandelt sich das Quecksilber langsam zum Mercurius, der nicht mehr flüchtig ist und aus der *mediocris substantia* besteht. Wenn dieses noch mit wenig ganz reinem, ebenfalls seiner großen Flüchtigkeit beraubtem Schwefel tingiert wird, erhält man Gold. Der Stein der Weisen ist nach Geber also eigentlich fixiertes Quecksilber.

Diese «Reine-Quecksilber-Lehre» wurde nach einigen Jahrzehnten wieder verlassen, was der Bedeutung des Geber-Corpus für die weitere Entwicklung der abendländischen Alchemie indes keinen Abbruch tat. Dies hängt auch mit den recht beachtlichen praktisch-chemischen Kenntnissen und der unverschlüsselten Sprache der Geber-Texte zusammen. Hier wird die Darstellung einer ganzen Reihe von Salzen, Alkalien, Sulfiden und auch des Königswassers sowie der Schwefel- und Salpetersäure klar und verständlich gelehrt (die der Säuren allerdings nicht in der «Summa» des Paulus von Taranto, sondern in den etwas späteren Texten). Damit wurde die Alchemie von einer überwiegend im Schmelzofen stattfindenden Labortätigkeit umgewandelt zu einer Alchemie der Lösungen und Abscheidungen, die auch bei niedrigeren Temperaturen arbeitete. Entsprechend finden sich auch verbesserte Apparate und Verfahrensvorschriften zum Filtrieren, Sublimieren, Destillieren und Kristallisieren. Mit den Geber-Schriften emanzipierte sich die abendländische Alchemie von ihren griechisch-arabischen Lehrmeistern, auch wenn diese natürlich weiterhin in hohem Ansehen standen.

3. Die Magie der Natur – Alchemie, Neoplatonismus und Hermetik in der Renaissance und Frühen Neuzeit

Die Renaissance

In der «Renaissance», jener Epoche, in der, ausgelöst nicht zuletzt durch die Eroberung Konstantinopels durch die Türken anno 1453, eine Wiederaneignung griechischer und römischer antiker Texte und eine neue Ära des Denkens einsetzte, wurde auch das «Corpus Hermeticum» entdeckt. Dabei handelt es sich um eine Sammlung von mystisch-philosophischen und naturmagischen Schriften, deren bekannteste die im ersten Kapitel zitierte «Tabula Smaragdina» ist und als deren Verfasser der ebenfalls dort schon genannte Hermes Trismegistos erscheint. Es war dem Herrscher der Stadtrepublik Florenz, Cosimo de Medici (1389–1464), im Jahr 1460 gelungen, sich ein byzantinisches Manuskript zu sichern, mit dessen Übersetzung er seinen Schützling Marcilio Ficino beauftragte. War im Mittelalter Aristoteles der führende antike Philosoph, um dessen Einbindung in einen christlichen Kontext sich Albertus Magnus und Thomas von Aquin bemüht hatten, blieb es Ficino vorbehalten, die Vereinigung von Christentum und (Neo-)Platonismus zu bewerkstelligen.

Marcilio Ficino, latinisiert Marsilius Ficinus, kam 1433 in Figline zur Welt, damals ein Dorf bei, heute ein Stadtteil von Florenz. Er praktizierte zeitweise als Arzt und verbrachte abgesehen von einem kurzen Studienaufenthalt sein ganzes Leben in Florenz, wo er dank der materiellen Unterstützung durch die Medici ein ungestörtes Gelehrtenleben führen konnte. Cosimo de Medici schenkte ihm 1462 ein Haus in Florenz und ein Jahr später ein kleines Landhaus in Careggi bei Florenz. Dort sammelte sich um Ficino ein Kreis von Intellektuellen, der später als «Akademie» bezeichnet wurde, aber eher einer losen Gruppe glich.

Das «Corpus Hermeticum» umfasste in der Ficino vorliegenden Fassung 14 Trakate, deren berühmtester die *Tabula Smaragdina* ist. Keiner der Texte, auch nicht die *Tabula*, ist im engeren Sinne alchemisch, sie sind vielmehr theosophisch zu nennen. Auch war Ficino kein Alchemist, er suchte nicht nach dem Stein der Weisen, mehrere ihm später zugeschriebene alchemische Werke gelten inzwischen als untergeschoben. Dennoch spielte er für die Alchemie eine maßgebliche Rolle. Mit dem «Corpus Hermeticum» bzw. mit dem durch Ficino begründeten christlichen Neoplatonismus entstand auch eine «christliche Hermetik». Damit ist gemeint, dass die Alchemie und die Beschäftigung mit Alchemie eine gewisse theologische Rechtfertigung erhielten. Die neoplatonische Suche nach Erkenntnis – *Gnosis* – ist nicht mehr gottesfern, indem sich Gott auch in der Natur ausdrückt. Ein weiterer Grund kommt hinzu: Das «Corpus Hermeticum» wurde von Ficino und seinen Zeitgenossen als außerordentlich alt angesehen. Sie glaubten, dass die Schriften tatsächlich auf einen mythischen Urweisen namens Hermes zurückgingen (Ficino nannte ihn in seiner Übersetzung folgerichtig Mercurius). Jener Hermes sollte der Lehrer Platos gewesen sein, seine Werke waren, so nahm man an, vermutlich sogar älter als das Alte Testament. Hier sprudelte eine einzigartige Quelle der *Prisca Sapientia*, der ursprünglichen, unverfälschten Wahrheit. Nicht zuletzt aufgrund dieser Überzeugung wurde der Neoplatonismus in seiner christlichen Einkleidung zur intellektuell maßgeblichen Denkweise während der Renaissance und – soweit es die Alchemie betrifft – auch darüber hinaus. Dies äußerte sich, um nur ein Beispiel zu nennen, im Einfluss Ficinos auf Paracelsus, der in jenem das Ideal der «Arzt-Alchemisten» verwirklicht sah, was wiederum für Paracelsus' Auffassung der Alchemie bestimmend wurde. Das nicht in erster Linie laborpraktische Verständnis der Alchemie, die Betonung allegorisch-theosophischer Bezüge und das Verständnis der Alchemie als Weg der Selbstreinigung, wenn nicht gar Selbsterlösung, nimmt für die Frühe Neuzeit mit Ficinos Übersetzung seinen Anfang. Daran änderte sich auch nichts, als Isaac Casaubon (1559–1614) nachwies, dass das «Corpus Hermeticum» erst in nachchristlicher Zeit geschrieben wurde (man geht heute von einer Entstehung zwischen dem zweiten und vierten Jahrhundert in Ägypten aus). Längst hatte sich das Denken in den Kategorien der christlichen Hermetik so weit verfestigt und auch weiterentwickelt, dass es auf das wirkliche Alter der Schriften nicht mehr ankam.

Die Macht der Zahlen und der Worte – Kabbala und Alchemie

Die Naturmagie umfasst ein System aus verborgenen, nicht rational-kausalen Wechselbeziehungen zwischen anscheinend völlig getrennten Subjekten (Objekte im üblichen Sinne gibt es in der Naturmagie genau genommen nicht). Hierzu gehören, neben den schon erläuterten Beispielen, etwa Planeten und Metallen, auch Beziehungen zwischen Zahlen und Buchstaben bzw. Worten. Schon die Schule der Pythagoräer hatte behauptet, dass der Kosmos nach mathematischen Gesetzen aufgebaut sei, die sich in den Zahlverhältnissen der Harmonielehre der Musik abgebildet fänden. Dieses Konzept wurde seit dem ersten Jahrhundert v. Chr. von der Schule der Neupythagoräer aufgenommen und weitergeführt. Sie verbanden die pythagoräische Zahlenmystik mit der Astrologie bzw. stellten sie in das Gesamtbild der Mikrokosmos-Makrokosmos-Parallele. Die Zahlen selbst wurden dabei zu Chiffren göttlicher oder kosmischer Entitäten. Die *Eins* bedeutet u. a. Gottheit, Vernunft, das erschaffende Wort *(Logos)* und Harmonie, aber auch Chaos, Finsternis und Tartarus (die Unterwelt), versinnbildlicht also die Vereinigung der Gegensätze. Die *Zwei* verkörpert einerseits Gleichheit und Entwicklung, andererseits Teilung, Mehrheit und Wechsel. Die

Drei ist die erste «wahre» Zahl, da sie aus der *Eins* und der *Zwei* folgt und Anfang, Mitte und Ende besitzt. In der *Vier* ist die Vollkommenheit der Dekas (der platonischen Zehnzahl) verborgen, da die Summe der darin enthaltenen Zahlen gleich zehn ist. Solche Vorstellungen spielten auch für die Alchemie eine wichtige Rolle, da Alchemie und Kosmologie immer miteinander verbunden und aufeinander bezogen waren. Auch die Entwicklung der modernen Lehre der Stöchiometrie durch Jeremias Benjamin Richter (1762–1807), die die Stoffumsetzungen bei einer Reaktion quantitiv beschreibt, beruhte zunächst auf ähnlichen Überlegungen, nämlich der Überzeugung, dass bestimmte mathematische Gesetze die chemischen Reaktionen steuern. Richter verfasste seine Arbeiten in den 1790er Jahren, noch ehe der moderne Begriff eines «chemischen Atoms» von John Dalton formuliert worden war.

Eine andere Form von Zahlenbeziehungen bilden die *Magischen Quadrate*. Bei Zahlenquadraten ist die Quersumme der einzelnen Reihen und Spalten sowie der Diagonalen stets die gleiche, bei Buchstabenquadraten sind die sich ergebenden Worte von vorne, hinten, nach oben oder unten gelesen jeweils dieselben. Magische Quadrate sind sehr alt, spielen in der mit der Alchemie verwandten Lehre des chinesischen Taoismus eine Rolle und waren vermutlich auch im babylonisch-chaldäischen Kulturkreis bekannt. Mit ihren seltsamen Eigenschaften galten sie als Symbole der Beziehungen zwischen Makro- und Mikrokosmos. Der schon kurz vorgestellte Geber arabicus (Jabir ibn Hayyan) etwa entwickelte eine ziemlich komplexe Lehre von den Gleichgewichten, die aber anders als die Stöchiometrie Richters nicht auf durch Wägung ermittelbare quantitave Stoffumsetzung abzielte, sondern die Proportionen betraf, in denen sich die Prinzipien Sulphur und Mercurius zu den unterschiedlichen Metallen verbanden. Die Gleichgewichte beziehen sich auf diese unterschiedlichen Proportionen, die wiederum nicht experimentell ermittelt werden konnten, sondern durch numerologische Verfahren im Sinne der Neupythagoräer. Auch bei Jabir spielten Magische Qadrate eine wichtige Rolle, insbesondere eines, das die Form

4	9	2
3	5	7
8	1	6

aufweist. Dieses Quadrat enthält sämtliche neun Ziffern und ergibt stets die Summe 15. Die Summe der Ziffern 1, 3, 5 und 8 lautet 17, die restlichen Ziffern addieren sich zu 28. Den beiden Zahlen 17 und 28 wohnt nach Jabir eine besondere Bedeutung inne, wobei Letztere für die Komposition der Metalle maßgeblich war. Die vier Qualitäten warm, kalt, trocken, feucht konnten nämlich in jeweils sieben Abstufungen erscheinen, weshalb jedes Metall sich auf einem Feld von 28 Qualitätsmischungen verorten ließ. Das arabische Alphabet besitzt 28 Buchstaben, und der arabische Name eines Metalls war daher gleichzeitig eine Chiffre seiner Zusammensetzung.

Eine ausnehmend wirkmächtige Art der Buchstaben- und Zahlenmagie ist die *Kabbala*. Das hebräische Wort *Quabbalah* bedeutet in etwa «Überlieferung» und steht für eine theosophische Lehre, die auf der Makrokosmos-Mikrokosmos-Parallele beruht und behauptet, von Gott gingen zehn *Emanationen*, sogenannte *Sefiroth*, aus, die mit den Planeten, den Metallen, den Elementen etc. in Wechselwirkung stünden. Die zeichnerische Darstellung dieser Grundkräfte oder Lichtkreise führt zum kabbalistischen Baum *(arbor cabbalistica)* oder zum Abbild des Körpers Adams. Die hebräischen Buchstaben, denen auch Zahlwerte zukommen, besitzen dieser Lehre zufolge magische Kräfte. Der Zahlenwert eines Wortes lässt sich durch Addition der Buchstabenwerte ermitteln und steht nach den Deutungsregeln der Kabbala für eine bestimmte magische Potenz.

Neben der im Mittelalter entstandenen *jüdischen Kabbala* entwickelte sich in der Renaissance auch eine *christliche Kabbala*, was angesichts der inhaltlichen Nähe der Kabbala zu spätantiken Philosophien nicht überrascht. Man konnte natürlich auch alchemische Texte – etwa die «Tabula Smaragdina» – zahlenmagisch analysieren. Der verbindende Glaube hinter beiden Ansätzen ist die Annahme, dass bestimmte besonders bedeutsame Texte bzw. einzelne Worte eine schöpferische Kraft besitzen. Man müsse die «wahren» Namen der Substanzen kennen, um Macht über sie zu erlangen, forderte schon der Neuplatoniker Iamblichos (s. o.). Dieser Linie folgen auch die Kabbalisten, die in der jüdischen Kultur allerdings nur selten mit Alchemie befasst waren. Die Alchemisten und Naturmagier der Renaissance sahen in der Kabbala jedoch eine weitere Möglichkeit, dem Geheimnis des Lapis auf die Spur zu kommen, indem man nicht mehr nur von einer verrätselnden Sprache ausging, die mit Decknamen und Synonymen arbeitete, sondern einen bestimmten Text – ganz im modernen Sinne – insgesamt als chiffriert ansah und glaubte, ihn mit dem richtigen kabbalistischen Schlüssel entziffern zu können und so seine eigentliche Botschaft sichtbar zu machen. Dieser Glaube führte nicht zuletzt dazu, dass im Laufe der Zeit ein alchemisches Werk von umso höherem Wert zu sein schien, je unverständlicher sein Inhalt «normal» gelesen war.

Einer der wichtigsten deutschen Naturmagier war Cornelius Agrippa von Nettesheim (1486–1535). Er entstammte einer verarmten Adelsfamilie, die in Nettesheim nordwestlich von Köln ansässig war. 1499 schrieb er sich an der Universität zu Köln ein, studierte Jura und Medizin, interessierte sich aber auch für Optik, Mechanik, Sprachen, Astrologie und Alchemie. Wie damals üblich, reiste er als fahrender Scholar durch die Lande, weilte 1507 in Paris und hielt 1509 an der Universität von Dôle in Burgund eine umstrittene Vorlesung, in der er die Ansicht des Humanisten und Hebraisten Johannes Reuchlin (1455–1522), wonach wesentliche Gedanken des Christentums schon bei den griechischen Philosophen zu finden seien, verteidigte. Er geriet dadurch in den Ruf eines Ketzers und zog es vor, Dôle zu verlassen. Nach einigen Jahren in Pavia kehrte er nach Deutschland zurück und traf 1510 in Würzburg mit Johannes Trithemius (1462–1516), dem Abt des Benediktinerklosters Sponheim, zusammen, jenem großen Kenner der Magie und Kabbala, der auch Paracelsus beeinflusst hat. Trithemius ermutigte Agrippa, sein Wissen über die verschiedenen Geheimlehren zusammenzufassen und niederzuschreiben. Innerhalb weniger Monate entstand so 1510 seine «De occulta Philosophia» (Über die verborgene Philosophie) betitelte Zusammenschau, die zu einem Standardwerk der Renaissancemagie werden sollte und an der Agrippa bis ca. 1515 weiterarbeitete.

Auch das weitere Leben Agrippas verlief recht unstet. 1512 kämpfte er in einem Heer Kaiser Maximilians I. gegen die Republik Venedig und wurde wegen seiner Tapferkeit noch auf dem Schlachtfeld zum Ritter geschlagen. Im darauffolgenden Jahr sollte er an einem geplanten Konzil in Pavia teilnehmen, das jedoch nicht zustande kam. Über mehrere Zwischenstationen gelangte er 1518 als Stadtsyndikus nach Metz, wo er in einem aufsehenerregenden Prozess die Freilassung einer der Hexerei angeklagten Frau erreichte. Dieser juristische Erfolg machte ihm viele Feinde, und er musste Metz verlassen. Weitere Stationen waren Köln und Lyon, wo er als Leibarzt der Mutter des französischen Königs Franz I., Luise von Savoyen, wirkte. Schließlich wurde er Arzt in Antwerpen und kurze Zeit Archivar und Historiograf am Hof der Statthalterin der Niederlande, Margarethe von Österreich, in Mecheln. Nach weiteren Reisen durch Deutschland kam Agrippa 1535 erneut nach Frankreich und wurde in Lyon verhaftet. Er starb im gleichen Jahr in Grenoble und wurde in der dortigen Dominikanerkirche beigesetzt.

In seiner «Occulta Philosophia» verbindet Agrippa den christlichen Neuplatonismus, die Hermetik, die Astrologie, die Zahlenmystik und die Kabbala zu einem auf «okkulten», das heißt verborgenen Naturgesetzen beruhenden System zur Erkenntnis und Beherrschung des Kosmos. Der neue Begriff des Okkultismus stand nun für alle Lehren der natürlichen oder Weißen Magie. Mit dem Bezug auf das Verborgene wollte Agrippa ausdrücken, dass die innere Struktur und Wirkungsweise der Natur nicht offen zutage tritt, sondern dass es des kundigen «Philosophen» bedarf, sie zu erkennen. Nicht gemeint war damit, dass der Okkultist sein Wissen grundsätzlich geheim halten solle. Agrippas Lebensweg zeigt allerdings, dass es gefährlich war, sich allzu offen zur Magie zu bekennen, getreu der Warnung des Trithemius, dass «das Höhere und die Geheimnisse nur hervorragenden Männern und vertrauten Freunden» vorbehalten sein sollten. Da bald verfälschende Abschriften der

«Occulta Philosophia» in Umlauf kamen, entschloss sich Agrippa 1530, das Werk zu überarbeiten und in Druck zu geben. 1531 erschien das erste Buch von «De occulta philosophia» in Antwerpen; alle drei Bücher kamen 1533 in Köln heraus.

Nun geschah etwas sehr Merkwürdiges, denn gleichzeitig mit der Druckfassung der «Occulta Philosophia» erschien ein weiteres Buch von Agrippa mit dem Titel «De incertitudine et vanitate scientiarum atque artium» (Über die Unsicherheit und Eitelkeit der Wissenschaften und Künste). Das in glänzendem Stil verfasste Werk stellt eine unbarmherzige Abrechnung mit allen Wissenschaften, einschließlich der magischen Künste, dar. Überdies enthält es eine Bewertung der allgemeinen Befindlichkeit der Gesellschaft und scharfe Attacken auf die Kirche. Beide Werke machten Agrippa zur Zielscheibe von Angriffen. Was in Agrippa vorgegangen sein mag, als er seine bittere Abrechnung mit der Wissenschaft schrieb und gleichzeitig sein hochkomplexes Werk über die Krone der Weisheit, wie er die Magie einmal nannte, überarbeitete und zum Druck vorbereitete, bleibt ungeklärt.

1532/33 war Agrippa der Lehrer von Johann Weier (1515–1588), der 1563 mit «De praestigiis daemonum. Von Teuffelsgespenst / Zauberern und Gifftbereytern Schwartzkünstlern / Hexen und Unholden» eines der Hauptwerke der Gegner der Hexenverfolgungen schrieb. Dieser verteidigte später seinen Meister und trat gegen Gerüchte auf, die Agrippa als Teufelsbündler bezeichneten. Besonders der französische Jurist und eifrige Befürworter der Hexenverfolgung, Jean Bodin (1529/30–1596), sorgte für die Verketzerung Agrippas. Er behauptete zum Beispiel, dass der Hund Agrippas ein Höllengeist sei, und verwarf in seinem Werk «De la Démonomanie des sorciers» (Über die Dämonomanie der Zauberer, 1580) die Kunst der Magie, mit der sich Agrippa so intensiv beschäftigt hatte. Der Humanist Paul Jovius (Giovio; 1483–1552) behauptete ebenfalls, dass Agrippa von einem Teufel in der Gestalt eines schwarzen Pudels begleitet worden sei, der bei seinem Tod verschwand. Auch in der «Historia», in Goethes «Faust» und in weiteren auf Faust oder Agrippa bezüglichen Literaturstellen taucht ein Hund auf. In einer 1566 von Johann Ragor ins Deutsche übersetzten Kompilation von Reden und Sprüchen («Schöne ordentliche Gattierung etc.») heißt es: «Bey seinem leben hatte er [Faust] zween Hund mit ihm lauffen / die waren Teuffelen. Gleich wie der Unflat / der das Büchlein geschrieben hat von vergeblichkeit der künste / der hatte auch allweg einen Hund mit im lauffen / der war der Teuffel.»

Es ist klar, dass mit dem «Büchlein von vergeblichkeit der künste» Agrippas «De incertitudine» gemeint ist. Diese wiederkehrenden Erwähnungen eines Hundes und dessen Identifikation mit dem Teufel sind sicher durch die griechisch-römische Mythologie beeinflusst, in der der Hund Kerberos, latinisiert Cerberus, den Eingang zur Unterwelt bewacht.

Der Rebell, Arzt und Alchemist Paracelsus

Eine herausragende Gestalt am Beginn der neuzeitlichen Alchemie ist zweifelsohne Theophrastus Bombastus von Hohenheim, der sich seit etwa 1520 Paracelsus nannte. Sein unstetes Leben war teils den Zeitumständen, teils eigenem Wesen geschuldet und hinderte ihn nicht daran, eine erstaunliche Anzahl von Schriften zu verfassen. Paracelsus (der Name ist evtl. eine Latinisierung von Hohenheim) wurde 1493 oder 1494 in Einsiedeln in der Schweiz geboren. Nach eigener Aussage befasste er sich unter Anleitung seines Vaters, des Arztes Wilhelm von Hohenheim (1457 (?)–1534), schon als Jugendlicher mit der Alchemie. Eine Promotion zum Dr. med. in Ferrara 1515 ist nicht sicher belegt. Wichtige Stationen seines Lebensweges waren Villach und Klagenfurt in Kärnten, wohin er 1502 zusammen mit seinem Vater gelangte und wo er 1538 nochmals erscheint, Salzburg (1524/25) und Straßburg (Bürgerrecht 1526). 1527 wurde er als Stadtarzt und Dozent der Medizin nach Basel berufen, offenbar aufgrund einer erfolgreichen Behandlung des berühmten Basler Humanisten und Druckers Johann Froben (1460–1527), eines Freundes des Erasmus von Rotterdam (1467–1536). Neben den – wie üblich – auf Lateinisch gehaltenen Vorlesungen las er als erster Hochschullehrer auch in deutscher Sprache. Seine polemische Verdammung der traditionellen galenischen Medizin, die in einer symbolischen Bücherverbrennung gipfelte, und seine «Neue Medizin» führten zu sehr scharfen Auseinandersetzungen mit der Baseler Ärzteschaft, die ihn 1528 zur Flucht nach Colmar nötigte, von wo er sich nach Esslingen wandte. In Nürnberg erschienen 1529 zwei Werke zur Syphilis, in denen eine Therapie mit Quecksilberpräparaten zusammen mit Guajakholz empfohlen wird. 1531 gelangte Paracelsus nach St. Gallen, wo er bis 1533/34 blieb. Nach Aufenthalten in zahlreichen weiteren Orten kam er 1541 wieder nach Salzburg, wo er starb und auf dem Armenfriedhof St. Sebastian beerdigt wurde. Heute erinnert dort ein Epitaph an den großen Reformer der Medizin.

Paracelsus unterschied fünf hierarchisch angeordnete Seinsebenen der geschaffenen Welt, die in neuplatonischer Manier eine Verbindung des höchsten Gottes mit der niedrigsten Materie herstellten. Von diesen fünf *Entien* ist nur die unterste, das *Ens corporale*, mit der praktischen Alchemie verknüpft, doch wirken auch die höheren, geistigen Ebenen in die Alchemie, die als gottbegnadete menschliche Kunst begriffen wird, hinein. Die Vorstellung, der Alchemist könne kraft seiner Einsicht in das verborgene Sinngefüge der Natur diese in mancher Hinsicht vervollkommnen, teilte Paracelsus. Zwei unmittelbar auf die Alchemie bezogene Aspekte seines komplexen und keineswegs widerspruchsfreien Gedankengebäudes sind die Lehre von den «Tria prima» und die «Quintessenzen». Die schon erläuterte Prinzipienlehre postulierte die Existenz zweier solcher Zwischenstufen zwischen den vier Elementen und den konkret existierenden Stoffen, nämlich Sulphur und Mercurius. Paracelsus ergänzte sie um das Prinzip *Sal* (Salz). Darunter verstand er die unverbrennlichen und (mehr oder weniger) unschmelzbaren Substanzen – modern ausgedrückt die Oxide (weniger die Stoffe, die heute als Salze bezeichnet werden). Die Einführung dieses dritten Prinzips ordnete auch die Rückstände einer Verbrennung einer Materiekategorie zu und ergänzte somit die bisherige Lehre, in der sich solche Rückstände (*Caput mortuum*, Totenkopf) weder dem Sulphur noch dem Mercurius sinnvoll zuweisen ließen. Paracelsus erfand hierbei nicht etwas völlig

Neues; ähnliche Konzepte finden sich schon bei der alexandrinischen Alchemistin Kleopatra und bei Geber latinus sowie in dem im 15. Jahrhundert niedergeschriebenen theoalchemischen «Buch der Heiligen Dreifaltigkeit». Paracelsus machte daraus die Trinität von *Geist* (Spiritus, Sulphur), *Seele* (Anima, Mercurius) und *Körper* (Corpus, Sal). Dies erleichterte nicht nur die praktische Interpretation der Prinzipienlehre, sondern führte die Alchemie insgesamt auch näher an die christliche Seinslehre heran, für die die Trinität prägend ist.

Seine Annahme einer mit geistigen Kräften ausgestatteten Körperwelt führte Paracelsus zu der schon bei Johannes von Rupescissa im 14. Jahrhundert nachweisbaren Idee einer nicht in der astralen Sphäre, sondern in den Stoffen enthaltenen Quintessenz, gleichsam eines das innere (okkulte) Wesen und die pharmakologische Wirksamkeit eines natürlichen Körpers in reiner Form repräsentierenden Extrakts. Gemäß der Annahme eines durchweg begeistigten Kosmos wirkte eine Quintessenz ebenso auf den Körper des Menschen wie auf seine Seele bzw. seinen Geist. Die höchste all dieser Quintessenzen, gewissermaßen die Quintessenz der Quintessenzen, ist für Paracelsus der *Lapis*, der zugleich das Allheilmittel, die *Panacea*, darstellt. Mit seiner *Ars spagyrica*, der spagyrischen Scheidekunst, erreicht Paracelsus die Trennung des Wesentlichen vom Nebensächlichen. Diese hier nur äußerst knapp umrissene Auffassung des Paracelsus von der Alchemie verschob deren Schwerpunkt von der Herstellung eines Transmutationsagens zu einer Hilfswissenschaft der Medizin, deren Ziel in der Darstellung neuer Arzneien bestand.

Diese medizinische Alchemie, auch Iatrochemie oder Chemiatrie genannt, verband Paracelsus mit einem neuartigen Krankheitskonzept. Nach seiner Ansicht ruht die Medizin auf vier Säulen, nämlich der Philosophie, der Astronomie bzw. Astrologie, der Alchemie und der Tugend des Arztes. Jedes Organ besitzt einen *Archeus* (griech.-lat. Mischwort, bedeutet etwa «Lebenskraft, Weltgeist» und wurde offenbar durch Paracelsus in den deutschen Sprachgebrauch eingeführt), der das Funktionieren des Organs sicherstellt. Stört irgendeine Ursache die Arbeit dieses «inneren Alchemisten», wird das betreffende Organ krank. Im Gegensatz zur herrschenden Lehre von einem allgemeinen Säftegleichgewicht, der *Humoralpathologie*, geht Paracelsus von Krankheiten als organspezifischen Störungen aus. Paracelsus verfasste im Laufe seines Lebens zahlreiche Schriften, von denen aber nur wenige zu seinen Lebzeiten gedruckt erschienen, so die «Große Wundartzney», ein Handbuch der Chirurgie, das 1536 in Augsburg erschien. Seine Krankheitslehre legte er in dem 1529/30 verfassten «Opus Paragranum» (etwa: über, neben, entsprechend dem Samen) und seinem «Opus Paramirum» (etwa: über, neben, entsprechend dem Wunder) dar, an dem er schon 1520 zu arbeiten begann und das er 1531 abschloss. Die «Astronomia magna», als Zusammenfassung seiner philosophischen, anthropologischen und kosmologischen Vorstellungen 1537/38 niedergeschrieben, blieb unvollendet. Neben astrologisch-mantischen Schriften verfasste Paracelsus auch sozialkritisch-theologische Werke. Fast überflüssig dürfte vielen Lesern der Hinweis erscheinen, dass natürlich auch zahlreiche Werke in Umlauf kamen, die nicht von Paracelsus stammten, aber unter seinem Namen erschienen.

Wenn auch Paracelsus nicht in allem der originelle Denker war, als der er heute gerne gesehen wird, so gibt es doch keinen Zweifel, dass er eine ganz außerordentliche Wirkung entfaltete, und zwar sowohl als Reformer der Medizin wie der Alchemie. Die Idee eines dritten Prinzips war schon vor ihm geäußert worden wie auch die Vorstellung einer substanzbezogenen Quintessenz, aber erst durch Paracelsus wurden beide allgemeines Gedankengut. Die Alchemie wie auch die Medizin bekamen durch ihn eine neue Richtung. Mehr als nur ein bedeutender Denker unter anderen, wurde Paracelsus postum zum Träger einer bestimmten Geisteshaltung, die man als «Paracelsismus» bezeichnet und die bis in die Gegenwart fortbesteht. Diese Haltung wird heute gerne mit dem an sich nichts aussagenden Begriff der «Ganzheitlichkeit» beschrieben. Paracelsus hinterließ kein geschlossenes, in sich kohärentes Gesamtwerk. So, wie der Mensch Paracelsus war, so ist auch sein Werk, chaotisch, oft widersprüchlich, impulsiv, polemisch – aber eben auch genial. Er war von der unsichtbaren Ordnung der Mikrokosmos-Makrokosmos-Parallele zutiefst überzeugt und leitete seine Überlegungen immer von dieser Basis her ab. Und er war sich sicher, dass Wissen und Erkenntnis nicht allein auf den Hohen Schulen und in den Werken berühmter Gelehrter der Antike zu finden seien, sondern auch im alltäglichen Miteinander der Bauern, Handwerker, Bergleute und Kräuterfrauen, bei Menschen also, die sich täglich mit der Natur auseinandersetzen. Im «Licht der Natur» suchte auch er Erleuchtung in dem Sinne, dass sich in der Natur die okkulte Ordnung und deren Wirkungen beobachten und erkennen ließen.

Der Alchemie wies er den Weg zur Heilkunst und setzte ihr dadurch ein neues Ziel: «Nicht als die sagen, alchimia mach gold, mache silber; hie ist das fürnehmen mach arcana und richte dieselbigen gegen die krankheiten; so muß er hinaus, ist also der grunt.»

Die *Arcana* (wörtl. «Geheimnisse») waren vom zum Chemiater gereiften Alchemisten bereitete Arzneien, die dem gestörten Archeus helfen sollten, seine als Analogon der Laborarbeit des Alchemisten aufgefasste Tätigkeit der Stoffumwandlung im Körper wieder korrekt zu erledigen. Dabei gilt es, natürliche Substanzen in passender Weise zu reinigen und dabei erst wirksam zu machen, quasi also eine Transmutation im Kleinen auszuführen. In seiner Schrift «Labyrinthus medicorum errantium» (Labyrinth der irrenden Ärzte) erläutert er dies am Beispiel des Brotes:

Es muß ein arzt betrachten, dieweil got [Gott] nicht bis an das end beschaffen hat, das weiter den vulcanis [das Weitere den Vulcanis, d. h. den Alchemisten als Jüngern des Gottes Vulkan] befolen ist, dieselbigen ding bis zum end zu bringen und nit schlacken und eisen mit einander schmieden. dan merkt ein exempel: brot ist uns beschaffen und geben von got, aber nit wie es von becker kompt, sonder die drei vulcani, der baur, der mülner und der beck die machen brot daraus. also muß es auch mit der erznei beschehen.

Zum Bild des Paracelsus gehört auch, dass er durch die Wirkung schwarzmagischer Kräfte verursachte Leiden als ebenso real ansah wie gewöhnliche Erkrankungen. Der kluge Arzt müsse daher zunächst einmal die Ursache von Beschwerden herausfinden:

Erstens soll er den Patienten fragen, wie ihm solches zugestoßen sei, wie und wann, wie solches einen Anfang genommen habe, was die Ursach sein könnte: Fallen, Werfen, Schlagen oder Stoßen, oder ob sonst eine natürliche Ursach – aus den Flüssen oder bösem Geblüt – gespürt werden möchte. Ists nun deren keines, so frag er, ob der Patient einen Feind oder Mißgönner, der im Geschrei oder Verdacht wäre, etwa für einen Zauberer oder Hexer gehalten würde, hab. Sagt er ja dazu, jetzt kannst du annehmen, daß ihm so, wie oben gemeldet worden ist, geschehen wäre.

War jemand von einer angehexten Krankheit befallen, halfen natürliche Mittel nicht. Hier musste nach den Prinzipien der Sympathielehre gehandelt werden:

Wie aber einem solchen wiederum geholfen werden mag, ist einem jeden Arzt, der da ein perfekter medicus sein will, hoch und von nöten zu wissen. Denn weder Galen noch Avicenna haben von dieser Kur gewußt noch geschrieben. Deshalb folgt nun die Kur auf diese Weis: daß demselben anders nicht geholfen werden kann als wiederum, wie ihm der Schad oder Schmerzen zugefügt worden ist, das ist durch den Glauben und durch die Imagination, und ist der Proceß so, daß er gleich ein solch Glied, Hand oder Fuß oder ein anderes dergleichen Glied mache, wie das seine ist, an dem er Schmerzen leidet. Oder ein ganzes Bild von Wachs, und dasselbige schmiere, salbe, verbinde, und den Menschen nit; wo dann Schmerzen wie Beulen, Striemen, blaue Mäler sind, da hilfts, und wird dem Menschen solches vergehen. Ist aber der Mensch dermaßen bezaubert, daß er sorgt, er komme um ein Aug, um das Gehör, um seine Mannheit, werde stumm, krumm, lahm, so soll er in festem Glauben ein ganzes Bild von Wachs machen, und die Imagination stark in das Bild gesetzt und im Feuer nach rechter Ordnung gar verbrannt! Und laßt euch das hie nicht verwundern, daß einem verzauberten Menschen so leicht zu helfen sei, tut nicht wie die Sophisten der hohen Schulen, die ihr Gespött darauf treiben und sprechen, es sei impossibile, sei auch wider Gott und die Natur, – dieweil es auf keiner Hohen Schule gelehrt werde.

Die Verwurzelung des Hohenheimers in den Denktraditionen der Naturmagie blieb trotz seiner tiefgreifenden Reformideen dennoch erhalten, mehr noch, sie sind ohne diese Denktraditionen gar nicht vorstellbar. Paracelsus war ein typischer Renaissancemensch, in sich widersprüchlich und vorwärtsdrängend, aber auch eingebunden in ein uraltes Gesamtbild von Makro- und Mikrokosmos, das in der Renaissance aus den Quellen der Antike wiedergeboren wurde.

Andreas Libavius, der erste Chemiker?

1597 erschien ein Buch mit dem schlichten und eindeutigen Titel «Alchemia». Eine verkürzte deutsche Übersetzung kam unter dem Titel «Alchymistische Practic» anno 1603 und als lateinische Übersetzung *(Praxis alchymiae)* ein Jahr später heraus. 1606 entstand dann die stark erweiterte «Alchymia», auf der der Nachruhm des Autors Andreas Libavius beruht. Anstelle der unter den Verfassern alchemischer Werke üblichen verschleierten, metaphorischen und symbolischen Redeweise habe sich Libavius klar ausgedrückt, neoplatonische Bezüge auf die «okkulte» Wirklichkeit vermieden, ja abgelehnt und nur von Dingen geschrieben, die sich konkret darstellen und benennen lassen – so weit die traditionelle Bewertung.

Neuere Forschungen ziehen dieses Bild allerdings in Zweifel. Włodzimierz Hubicki (1914–1977), ein namhafter Historiker der Alchemie und Chemie, aus dessen Feder der umfangreiche Artikel zu Libavius im achten Band des Standardwerks «Dictionary of Scientific Biography» stammt, teilt in besagtem Artikel lapidar mit: «He wasted the greater part of his life in fruitless polemics, which earned him many enemies.» Die «fruchtlosen Polemiken» meinen die zahlreichen übrigen Schriften Libavius', die von Hubicki keiner näheren Prüfung unterzogen wurden. Zunächst aber einige biografische Angaben: Andreas Libavius (latinisiert aus Li[e]bau) wurde nach 1555 in Halle geboren und starb 1616 in Coburg. Er verwendete teilweise auch das Anagramm «Basilius de Varna» als Pseudonym. Nach Gymnasialjahren in Halle studierte er Philosophie, Geschichte und Medizin in Wittenberg (1576) und Jena (seit 1577), wo er 1581 Doktor der Philosophie und *Poeta laureatus* wurde. Von 1607 bis zu seinem Tod bekleidete er die Rektorenstelle am Coburger Gymnasium Academicum Casimirianum, was de facto einer Universitätsprofessur gleichkam.

Das Spektrum seiner Schriften umfasst Pädagogik, Philologie, Theologie, Physik, Medizin, Alchemie und Pharmazie. Seine Bücher sind nicht entlang heutiger Fachgrenzen verfasst, sondern schließen oft mehrere der genannten Felder zusammen, so in der «Syntagma selectorum» (Sammlung ausgewählter Schriften, 1615) und dem «Appendix necessaria» (Notwendiger Anhang, 1615). Mit der «Alchemia» beginnt in der Tat die chemische Lehrbuchtradition. Libavius fasst hier den chemischen Wissensstoff seiner Zeit methodisch zusammen, ordnet ihn und macht ihn dadurch für Schüler, Studenten und Praktiker zugänglich. Er teilt die Alchemie in die *Encheria* (Verfahrenstechnik, Geräte- und Feuerkunde) und die *Chymia* ein. Zu Beginn des ersten Teils entwirft er den (nie realisierten) Idealplan eines mehrgeschossigen «chemischen Institutes», das funktionstüchtig gestaltet und aller Welt zugänglich sein sollte, wodurch es sich deutlich vom Laboratorium des typischen Alchemisten abhebt. Die *Chymia* beschreibt die aristotelische Elementenlehre, die Prinzipien nach Paracelsus und die Herstellung arzneilich wirksamer Extrakte, Elixiere und Tinkturen sowie die Synthese anorganischer Einzelverbindungen. Der Autor erweist sich als kundiger Kompilator ebenso wie als führender Experimentator, der sich von der überlieferten Ethik der Adepten entfernt hat. Libavius' wichtigste chemische Entdeckung war die Salzsäure (HCl), deren Darstellung bei ihm durch Glühen einer Mischung von Kochsalz und Ton und Einleitung der sich bildenden Dämpfe in Wasser erfolgte.

So weit also der «Chemiker» Libavius. Der «Alchemist» Libavius stand demgegenüber bisher im Schatten. Letzterer verteidigt etwa die Metalltransmutation und zeigt sich von der Existenz des Steins der Weisen überzeugt, behauptet sogar, dass viele Adepten – also Besitzer des Lapis – existieren, u. a. Pico della Mirandola, Giambattista dell Porta, Edward Kelley, Alexander Seton und Michael Sendivogius. Diese waren angesehene Naturmagier, deren Namen einen guten Klang in Alchemistenkreisen hatten. Wenn diese Männer tatsächlich das Geheimnis des *Opus magnum* kannten und Blei in Gold verwandeln konnten, musste an der Alchemie und ihrem okkulten Wissen wohl etwas dran sein. Libavius selbst leugnete das nicht, blieb jedoch in allen Passagen, in denen es um den Lapis und seine Herstellung geht, ebenso vage wie alle anderen Alchemisten. Man könnte demnach folgern, Libavius habe ebendie Dinge, die sich klar sagen lassen, klar gesagt und allein dadurch schon das Bild des Alchemisten gewandelt. Dies trifft zu, würde aber der Persönlichkeit Libavius' noch nicht ganz gerecht. Wie die oben genannten Alchemisten glaubte eben auch Libavius sehr wohl an die Mikrokosmos-Makrokosmos-Parallele, an die Weisheit der Worte der «Tabula Smaragdina» und an die untergründige Bedeutung von Worten, Zahlen, Zeichen und Chiffren. Hermes Trismegistos, der Vater der Alchemie, habe sich in dieser Weise mitgeteilt, und deshalb enthielten Symbole und Metaphern eine nur so mitteilbare Botschaft, was sie zu einem unverzichtbaren Bestandteil der Alchemie und der Naturmagie insgesamt mache. Die Geheimnisse der Natur – und hier unterscheidet sich Libavius beispielsweise von Paracelsus – sind grundsätzlich dem menschlichen Verstand zugänglich und bedürfen nicht göttlicher Inspiration als Bedingung der Erkenntnis.

In seinem Denken spielt der Geist, *Spiritus*, eine zentrale Rolle. Dieser Geist verleiht nicht nur dem Menschen die Lebensenergie, sondern er durchdringt auch alle Dinge. Dies zeigt sich zum Beispiel beim Trinkgold, dem *Aurum potabile*, erläutert Libavius. Dieses trinkbare Gold beschäftigte die Alchemisten der Renaissance intensiv, denn man glaubte, wenn man Gold in eine flüssige bzw. flüchtige Form überführen könnte (natürlich ohne es einfach zu schmelzen), sei man auf dem Weg zum Stein der Weisen ein großes Stück vorangekommen. (Das andere große Problem war die «Fixierung» des Quecksilbers.) Der «Geist» des Goldes könnte dann nämlich auf andere Körper übertragen werden, das *Aurum potabile* sogar den erkrankten Körper des Menschen heilen. Libavius stellte vielfach Überlegungen zu den Qualitäten und Wirkungen des *Spiritus* an, blieb aber bei der Frage, wie man denn diesen Geist des Goldes freisetzen, das Gold trinkbar machen könne, ebenso nebulös wie die anderen Naturmagier auch.

Wir können Libavius und den anderen Gelehrten des Renaissance nur gerecht werden, wenn wir erkennen, dass das moderne «Entweder-oder»-Denken hier fehl am Platz ist und durch ein «Sowohl-als-auch»-Denken ersetzt werden muss. Die Denkmuster und Erkenntniskategorien der Zeit waren andere als die unseren, und im Rahmen dieser Muster haben sich Paracelsus und Agrippa ebenso bewegt wie Libavius. Dass dabei unterschiedliche Schwerpunkte des Denkens erkennbar werden, ist nur natürlich. Man wertet Libavius nicht ab und Paracelsus nicht auf, wenn man sie als Protagonisten ihrer Zeit ansieht, vielmehr wird man damit einer Epoche gerecht, die die heutige insofern überragt, als ihr unsere intellektuelle Eingleisigkeit fremd war.

Der legendäre Mönch Basilius Valentinus

Eine Legende, ein Phantom beschäftigte mehrere Jahrhunderte lang sowohl Alchemisten wie Historiker: der sagenhafte Mönch Basilius Valentinus. Nimmt man verschiedene Nachrichten zu seiner angeblichen Biografie zusammen, wäre er etwa 170 Jahre alt geworden, da er schon 1413 als arzneikundiger Benediktiner im Erfurter Sankt-Peters-Kloster gewirkt haben soll, andererseits aber auch den Tabak kannte, von dem man in Europa erst 1560 durch Jean Nicot erfuhr. Trotz dieser und anderer Ungereimtheiten und ungeachtet der Tatsache, dass keinerlei urkundliche Belege für die Existenz eines solchen Mönches aufzufinden waren, glaubte man bis in die zweite Hälfte des 19. Jahrhunderts an einen wahren historischen Kern dieser sämtlich erst im 17. Jahrhundert auftauchenden Berichte. Als man sich schließlich davon überzeugte, dass es einen «echten» Basilius wohl tatsächlich niemals gegeben hatte, erhob sich die Frage, wer sich hinter dem Pseudonym verbergen könnte. Diese Frage war nicht zuletzt deshalb interessant, weil die Schriften des angeblichen Mönchs für die Alchemiegeschichte der Neuzeit von erheblicher Bedeutung sind. Das Rätsel um die tatsächliche Existenz des Mönches ist immer noch nicht gänzlich gelöst, aber es gibt eine zumindest sehr plausible These, wonach der als Herausgeber der Basilius-Texte figurierende Frankenhauser Pfannenherr Johann Thölde auch deren Verfasser ist. Doch verfolgen wir die Spuren des legendären Basilius von Anfang an.

1599 erschien das erste von vier Werken, als deren Autor Basilius Valentinus genannt ist und als deren Herausgeber Johann Thölde auftritt. Es ist betitelt «Ein kurtz Summarischer Tractat, Fratris Basilii Valentini Benedicter Ordens / Von dem grossen Stein der Uralten», und in der Vorrede gibt der angebliche Mönch einige wenige Informationen zu seinem Leben:

Wie ich nun einige Zeitlang in meinem Orden war [begann ich] die Natur von einander zu legen, und durch solche Zerlegung ihre Heimlichkeit zu erforschen, welches ich dann nach dem Ewigen in zeitlichen Dingen für das Höchste befunden.

In welchem Kloster er sich befand, verschweigt Basilius. Dank eifrigen Studiums in der wohlsortierten Klosterbibliothek vermehrte sich sein Wissen. Als ein Mitbruder an einem Steinleiden erkrankte und die Ärzte keine Abhilfe schaffen konnten, versuchte sich Basilius mit allerhand Kräutern, aber ohne Erfolg. Daher legte er sich nun auf das Studium der Alchemie,

und je mehr ich suchte, je mehr ich fand, dann es floß immer ein Brunnen aus dem andern, und GOTT gab das Glück, daß ich viel erfuhr, und meine Augen sahen der Wunder-Dinge, welche die Natur in die Mineralien und Metalla gepflantzt hatte, so viel, dass es den Unwissenden schwerlich zu begreifen. Unter diesen allen bekam ich ein Mineral, welches von vielen Farben zusammen gesetzt, und in der Kunst gar auch viel vermag, dem nahm ich sein geistliches Wesen, und machte damit meinen krancken Bruder in wenig Tagen gesund.

Mit Gottes Hilfe hatte Basilius den Lapis gefunden, denn nichts anderes ist das «Mineral, welches von vielen Farben zusammen gesetzt, und in der Kunst gar auch viel vermag». Nach der Fixierung, der Wegnahme des «geistlichen Wesens», wurde er feuerbeständig und damit vollkommen. Diese Geschichte enthält die moralische Botschaft, dass man zum Ziel gelangen könne, wenn man redlich strebend sich bemüht, Eifer und Geduld mit Frömmigkeit verbindet und dafür schließlich von Gott mit der endgültigen Einsicht belohnt wird. Nicht Habsucht und Egoismus, sondern Gottgefälligkeit und der Wunsch, anderen zu helfen, zu heilen, muss den Adepten beseelen, will er Erfolg haben.

Dies sind die wenigen Angaben des Basilius über sich selbst. Sowohl der «Summarische Traktat» wie auch drei weitere Werke, die Thölde bis zum Jahr 1604 herausgab, die sämtlich auf von ihm, Thölde, entdeckten Originaldokumenten beruhen sollten, waren publizistisch außerordentlich erfolgreich. Thölde hatte schon 1599 erklärt, die in altertümlicher und schwer entzifferbarer Schrift abgefassten Texte seien ihm «durch sonderliche Schickung und wunderbarliche Mittel zu Handen kommen». Was damit konkret gemeint ist, lässt Thölde offen, aber nach seinem Tod wurde behauptet, die Manuskripte seien unter dem Hochaltar in einer Erfurter Kirche gefunden worden (so die namentlich nicht genannten Herausgeber einer Sammelausgabe der Werke, die 1645 in Straßburg erschien). Eine andere Version lautete, «es habe in einer Kirche zu Erfurt der Donner eine Säule von einander geschlagen, in deren Mitte sei dieses Buch so lange verborgen gelegen, welches aber eine Fabel zu seyn scheinet, zumahl nichts in keiner Historie davon stehet, auch niemand von denen, die dort wohnen, etwas davon weiß». Der Jenaer Medizinprofessor Georg Wolfgang Wedel (1645–1721), der 1704 in seiner Schrift «Programma Wedeli» seine Ermittlungen zum Fall Basilius darlegte, hatte sich nicht nur auf ältere Aussagen anderer verlassen, sondern selbst beim Abt des Petersklosters in Erfurt nachgefragt. Dabei habe er erfahren, dass während des Dreißigjährigen Krieges die alchemischen Manuskripte des Basilius Valentinus in die Bibliothek der an Alchemie interessierten schwedischen Königin Christina (1626–1689) verbracht worden seien. Gefunden worden seien besagte Schriften «in einer Mauer, unter des Closter Refectorio, zusammt einem Gold-gelben Pulver [!]». Leider, so Wedel, sei von den Schriften wie auch von dem Pulver – das wir unschwer als eine Portion des Lapis identifizieren – keine Spur mehr vorhanden.

Die eigentlich interessante, weil historisch reale Persönlichkeit ist nicht der sagenhafte Mönch, sondern der angebliche Auffinder und Herausgeber der Manuskripte, Johann Thölde. Um das Jahr 1565 im hessischen Grebendorf geboren, wo sein Vater Salinenbeamter in der landgräflichen Saline Sooden bei Allendorf an der Werra war, kam Thölde schon als Kind in intensiven Kontakt mit dem Salinenwesen. 1580 immatrikulierte er sich an der Universität Erfurt, wo er nach eigenem Bekunden auch die Bibliothek des Petersklosters frequentierte. 1583 findet sich Tholdes Name im Matrikelverzeichnis der Universität Jena. Über die folgenden Jahre liegen keine Nachrichten vor, doch 1594 erscheint Thölde als Verfasser einer «Proces Buch» betitelten alchemischen Handschrift, die er für den alchemisch hochgebildeten Landgrafen Moritz v. Hessen-Kassel (1572–1632) geschrieben hatte. Das Manuskript weist Thölde als einen hochtalentierten Chemiater aus, der auch eigene Laborversuche durchführte und zahlreiche neue Ergebnisse erzielte. Sein Inhalt findet sich – teilweise in wörtlicher Übereinstimmung – auch in der Hauptschrift des Basilius Valentinus, dem «Triumphwagen Antimonii» von 1604, wieder. In Tholdes «Proces Buch» findet sich an einer Stelle folgende interessante Bemerkung: «Dißen nachfolgenden process, hab ich einsmahls zu Erffurtt im Closter uff dem Petersberge aus einem alten buch abgeschribben.»

Thölde erwarb – auch auf ausgedehnten Reisen – umfangreiche salinistische Kenntnisse und wurde 1599 Pfannenherr und Ratskämmerer von Frankenhausen am Kyffhäuser. Er trat nicht nur als Herausgeber der Basilius-Valentinus-Texte in Erscheinung, sondern auch als Autor eines umfangreichen Buches zur Salinenkunde, der «Haligraphia» (1603, erneut 1612). Diese Fakten und einige weitere Indizien machen die Autorschaft Tholdes sehr wahrscheinlich, wenn auch nicht mit letzter Sicherheit beweisbar.

Warum aber hat Thölde diesen Basilius Valentinus erfunden und seine beeindruckenden Kenntnisse nicht einfach unter seinem eigenen Namen publiziert? Definitiv lässt sich das nicht beantworten, vermutlich aber waren dafür zwei Gründe maßgebend: Einmal erhöhte der Charakter der Schriften als angeblich sehr alt und unter ungewöhnlichen Umständen aufgetaucht in den Augen des damaligen Publikums mit Sicherheit deren Bedeutsamkeit und Glaubwürdigkeit. Und Thölde war zudem ein angesehener und wohlhabender Bürger Frankenhausens, der selbst in wichtiger Funktion für die Stadt tätig war. Zu einem solchen Patrizier wollte die Abfassung alchemischer Abhandlungen, die nicht zuletzt auch theologisch durchaus angreifbar waren, nicht recht passen.

4. Alchemisten, Fürsten und Betrüger – Die Alchemie in der Zeit des Barock

Er hat ihn nicht gesagt, aber der Satz hätte sein Selbst- und Staatsverständnis ganz gut zusammengefasst: «L'État, c'est moi! – Der Staat bin ich!» Ludwig XIV., der «Sonnenkönig», war der absolutistische Herrscher par excellence. Am 5. September 1638 in Saint-Germain-en-Laye geboren, wurde der Sohn Ludwigs XIII. und Annas von Österreich bereits 1643 als König inthronisiert, lebte bis 1651 unter der Regentschaft seiner Mutter, wurde mit 13 Jahren für volljährig erklärt und damit regierender Herrscher.

Die Macht- und Prachtentfaltung, wie sie der französische König seinen fürstlichen Kollegen bzw. Konkurrenten vor Augen führte, blieb nicht ohne Wirkung. Der Eifer bezog sich in erster Linie auf die fürstliche Bautätigkeit. Diese war naturgemäß mit erheblichen finanziellen Aufwendungen verbunden, die nur selten aus vorhandenen Mitteln bestritten werden konnten. Der naheliegende und häufig beschrittene Ausweg bestand in der Aufnahme von Krediten, die aber auch Fürsten irgendwann zurückzahlen mussten, wenn sie weiterbauen wollten. Konkret führte also die von Frankreich ausgehende Mode der barocken Hofhaltung auch und gerade im in zahlreiche mehr oder minder kleine Fürstentümer zersplitterten Heiligen Römischen Reich Deutscher Nation eine ganze Reihe von Landesfürsten in eine beträchtliche Kreditklemme. In dieser Situation traten nun Zeitgenossen auf den Plan, die einen wahrhaften «Königsweg» aus dieser Klemme zu weisen sich untertänigst erboten: die Goldmacher.

True lies – Goldmachergeschichten

Es ist natürlich nicht so, dass betrügerische Goldmacher erst im Barock in Erscheinung getreten sind. Die gab es auch schon früher – man denke nur an die ägyptischen Tempelpriester und Metallurgen, die Gold und Edelsteine schon vor der Entstehung der Alchemie fälschten. In der Barockzeit nahm aber diese Form des Betrugs erhebliche Ausmaße an und hielt sich interessanterweise bis weit ins 20. Jahrhundert, vielleicht bis in die Gegenwart, obwohl man schon seit ca. 140 Jahren wissen könnte, dass die Herstellung von Gold aus anderen Metallen mit den Gesetzen der Chemie kollidiert. Betrachten wir zunächst einige der Erzählungen, die sich in der alchemischen Literatur vielerorts antreffen lassen und die gleichsam als historischer Beweis für die Wahrheit der Alchemie und ihres Kerngedankens dienten. Als Quelle dieser «Wahren Lügen», die ich so nenne, weil sie oft in gutem Glauben berichtet wurden, soll uns die «Geschichte der Alchemie» des ehemals an der Kasseler Bürgerschule lehrenden Doktors der Philosophie und Magisters der freien Künste Karl Christoph Schmieder (1778–1850) dienen, die im Jahr 1832 erschien und deren bislang letzter Nachdruck anno 2005 auf den Markt kam. Schmieder ist insofern als Autor interessant, als er von der Existenz des Steins der Weisen überzeugt war und sein Buch als eine Sammlung von historischen Belegen für erfolgreiche Transmutationen anlegte.

Geheimnisvolle Unbekannte – Legendäre Adepten und Adeptenlegenden

Lassen wir die Reihe bei Raimundus Lullus beginnen, einer historischen Persönlichkeit, um 1232 auf Mallorca geboren und als Arzt und Philosoph bekannt. Nach einem religiösen Erleuchtungserlebnis erfand Lull ein kompliziertes System zur Kombination logischer Aussagen, die «Lullische Kunst», mit deren Hilfe er die Moslems zum Christentum bekehren wollte. Dabei sei er im heutigen Algerien anno 1315/16 zu Tode gesteinigt worden, wie noch Hermann Kopp 1886 in seiner «Alchemie» schrieb. Heute ist man nicht mehr so sicher, und Lulls Todesart und sein Sterbeort (nicht aber der Todeszeitraum 1315/16) gelten als ungeklärt. Obwohl sich Lull nie der Alchemie zuwandte, sondern diese ausdrücklich kritisierte, wurden ihm schon kurz nach seinem Tod alchemische Werke untergeschoben. Die wichtigste dieser pseudolullischen Schriften ist das «Testamentum» aus dem Jahr 1332, das erstmals 1566 in Köln in gedruckter Form erschien und das auch Schmieder als Quelle seiner Schilderung heranzog. Danach wollte der als Missionar gescheiterte Lullus, der die Steinigung überlebt hatte, die Moslems mit einem neuen Kreuzzug zur Annahme des Christentums zwingen, fand aber keine Unterstützung, da die maßgeblichen europäischen Herrscher auf die ungesicherte Finanzierung einer solchen Unternehmung hinwiesen. Von seinen Ideen beseelt, machte sich Lullus daher selbst an die Ausarbeitung eines Prozesses zur Gewinnung des Lapis und war dabei mit Gottes Hilfe erfolgreich. 1332 habe er, so die Behauptung des «Testamentum», in London gelebt und für König Edward III. (1312–1377, reg. seit 1327) aus Quecksilber, Zinn und Blei 60000 Pfund Gold gefertigt. Dies ist nach meiner Kenntnis die größte Menge künstliches Gold, die je von einem einzelnen Adepten fabriziert worden sein soll.

Von ähnlicher Natur wie Lullus war auch Nicolas Flamel (um 1330–1418). Auch von Flamel existiert kein einziges echtes alchemisches Werk, ebenso wenig gibt es Indizien dafür, dass er sich je mit Alchemie befasst hat. Er war von Beruf Schreiber und lebte in Paris. In den Ruf eines Adepten geriet er, weil er ein beträchtliches Vermögen anhäufte, das er in großem Umfang für fromme Stiftungen verwendete. Da man sich nicht erklären konnte oder wollte, wie ein Schreiber zu solchem Reichtum gelangen konnte, unterstellte man ihm posthum, er habe das Geheimnis des Lapis besessen. Angeblich habe er, wie uns Schmieder, gestützt auf diverse seit dem Ende des 15. Jahrhunderts verfasste Schriften, berichtet, im Jahr 1357 für gerade mal zwei Gulden ein auf Baumrinde geschriebenes rätselhaftes Werk erworben, dessen Entzifferung ihm lange Zeit nicht gelang. 1378 machte er endlich in Santiago de Compostela einen zum Christentum übergetretenen Juden ausfindig, der die Schriftzeichen als hebräisch erkannte und lesen konnte. Es zeigte sich, dass der Text von einem gewissen Abraham stammte – vielleicht gar von «dem» Abraham? –, der mit seinem Werk den bedrängten Juden hatte helfen wollen. Der fromme Flamel machte sich nun selbst ans Werk, war erfolgreich und erwarb so sein Vermögen. Erfolgreiche Adepten sind der Legende nach durchweg Männer von geringem Ansehen, die eher zurückgezogen leben, aus edlen Motiven wie der Unterstützung Bedürftiger und ad majorem dei gloriam handeln. Nie sind solche Adepten prunkliebend, arrogant und leichtlebig, nie suchen sie das Rampenlicht gesellschaftlichen Glanzes.

«Die Geschichte Seton's gehört in jeder Hinsicht zu den merkwürdigsten [gemeint ist: glaubhaftesten] Beweisen für die Wahrheit der Alchemie», stellt Schmieder in seiner «Geschichte der Alchemie» fest, in der dem angeblichen Adepten Alexander Seton breiter Raum gewidmet ist. Schmieder zählt hier eine ganze Reihe von Transmutationen auf, die der geheimnisvolle Mann, dessen Lebensdaten und Herkunft ungeklärt sind, durchgeführt haben soll. Man weiß lediglich, dass er vor dem September des Jahres 1606 in Basel verstarb.

Laut Schmieder erfolgt die erste von vielen «Projektionen», das heißt Einwirkungen des als Stein der Weisen bezeichneten Metallverwandlungspulvers auf unedle Metalle, am 13. März 1602 im holländischen Enkhuysen (heute: Enkhuizen). Seton verschwindet daraufhin und taucht in Amsterdam und Rotterdam auf, von wo aus er sich per Schiff nach Italien begeben haben soll. Jetzt entwickelt sich der Prototyp aller von Seton überlieferten Transmutationsvorführungen: Irgendjemand bezweifelt die Seriosität der Alchemie und bestreitet die Möglichkeit, künstliches Gold herzustellen. Anstatt lange zu disputieren, schreitet Seton zur Tat und fabriziert immer wieder kleinere Mengen Goldes vor den Augen seiner skeptischen, aber hinter-

4. Alchemisten, Fürsten und Betrüger

her bekehrten Zuschauer. Er gibt keinerlei Erläuterungen und verschwindet wieder von der Bildfläche, um kurz danach woanders aufzutauchen. Der Doktor der Rechte und der Medizin Johann Wolfgang Dienheim berichtet in seinem Buch «De universali medicina» (Straßburg 1610), er habe Seton auf dem Weg von Rom nach Deutschland kennengelernt:

Darauf ward ein Mann von Stande herbeigerufen, den ich nur vom Ansehen kannte [...]. Nachher erfuhr ich, daß es Dr. Jakob Zwinger war, dessen Geschlecht soviel berühmte Naturforscher zählt. Wir drei gingen nun zu einem Goldarbeiter. Dr. Zwinger brachte einige Tafeln Blei mit. Wir nahmen einen Schmelztiegel vom Goldschmied und gemeinen Schwefel, den wir unterwegs kauften. Alexander rührte von dem allen nichts an, befahl, Feuer anzumachen, Blei und Schwefel schichtenweise [in einen Schmelztiegel] einzutragen, den Blasebalg anzulegen, und die Masse durch Umrühren zu mischen. Unterdessen scherzte er mit uns. Nach einer Viertstunde sagte er: ‹Nun werft dieses Brieflein in das fließende Blei, aber hübsch mitten hinein, und nicht daneben ins Feuer.› In dem Papier war ein schweres, fettiges Pulver. [...] Wir thaten wie er geheißen, wiewohl wir ungläubiger waren als Thomas selbst. Nachdem die Masse noch eine Viertelstunde gekocht hatte und mit einem glühenden Eisen umgerührt worden war, mußte der Goldschmied den Tiegel ausgießen. Aber da hatten wir kein Blei mehr, sondern das reinste Gold, welches nach des Goldschmieds Prüfung das ungarische und arabische weit übertraf. Es wog ebensoviel, als vorher das Blei. Ohne selbst Hand anzulegen, hatte Seton Blei in Gold verwandelt, dessen Qualität durch den Goldschmied bescheinigt wurde. Zwei angesehene und nach eigenem Bekunden kritische Zeugen waren zugegen und verbürgten sich für die geschilderten Abläufe.

Im Sommer 1603 erscheint ein Unbekannter in der Vorlesung des Helmstedter Professors für Philosophie Cornelius Martini (1568–1621), als dieser gerade dabei ist, die Unmöglichkeit der Metallumwandlung theoretisch zu beweisen. Der Fremde ersucht um Erlaubnis, «aus Gründen der Erfahrung zu opponieren», und verwandelt auf der Stelle ein Stück Blei in Gold. Ohne einen Hinweis auf die Identität des Unbekannten zu haben, erkennt doch Schmieder in ihm sogleich Seton, denn «die Art und Weise der Überführung ist ganz im Geiste des Schotten [das heißt Setons], der nur darum reisete, um die Antagonisten der Alchemie zu demütigen».

Im Herbst 1603 tauchte Seton im Schloss von Crossen an der Elster auf, in dem damals der Hof des sächsischen Kurfürsten Christian II. (1583–1611) weilte. Er wollte anscheinend heiraten und hatte daher keine Zeit, seine alchemische Missionstätigkeit selbst zu betreiben, gab stattdessen seinem Reisebegleiter namens William Hamilton (über den nichts bekannt ist) eine gewisse Menge der «Tinktur», mit der selbiger in Gegenwart des Kurfürsten Blei zu Gold transmutierte. Besagter Hamilton verschwindet sogleich wieder aus der Geschichte, doch Seton wird als Besitzer des Steins und echter Adept festgesetzt. Da er sich weigert, das Geheimnis der Herstellung des Steins preiszugeben, wird er gefoltert, bricht aber sein Schweigen nicht. Man hofft, durch Gefangenschaft in einem «ungesunden und ekelhaften» Turmgefängnis seinen Widerstand zu brechen, doch gelingt ihm mit Hilfe des polnischen Edelmanns Michael Sendivogius die Flucht. Kurze Zeit später stirbt Seton an den Folgen von Folter und Gefangenschaft, vertraut aber vor seinem Tode seinem Retter Sendivogius noch sein Geheimnis an.

In Wahrheit ist die ganze Erzählung reine Erfindung. Es gibt keinerlei historische Belege für die Anwesenheit Setons auf Schloss Crossen, seine Gefangenschaft und seine Befreiung durch Sendivogius. Michael Sendivogius (1566–1636) ist eine historische Person. Er trat 1593 in den Dienst von Kaiser Rudolph II. in Prag, der ihn 1598 zum kaiserlichen Rat ernannte. Gleichzeitig arbeitete er als Geheimsekretär für den polnischen König Sigismund III. (1566–1632). Am Prager Hof inszenierte Sendivogius 1604 eine legendenumwobene Transmutation, wobei er angeblich vor dem Kaiser eine Silbermünze in pures Gold verwandelte. Dieser war so beeindruckt, dass er auf dem Hradschin eine Gedenktafel mit folgender Inschrift anbringen ließ: «Faciat hoc quispiam alius quod fecit Sendivogius Polonus» («Vollbringe ein anderer, was der Pole Sendivogius zustande brachte»). Später diente er diversen weiteren Fürsten als Alchemist und Berater, beaufsichtigte u. a. 1619–1624 die schlesischen Blei- und Silberminen. Durch die Transmutation von

1604 geriet er in den Ruf eines Adepten, doch wurde auch vermutet, dass er selbst den Stein gar nicht machen könne, sondern von Seton ein gewisses Quantum desselben erhalten habe. Bemerkenswert bleibt der Umstand, dass Sendivogius nicht festgesetzt und zur Herstellung von Kunstgold verpflichtet wurde – unter Androhung des Todes im Falle des Scheiterns.

Bis dass der Tod uns scheidet – Fürsten und Goldmacher

Immerhin stand Sendivogius als Hofalchemist schon an der schmalen Grenzlinie, die zwischen der «wissenschaftlich» betriebenen Alchemie und der Goldmacherei verläuft. Beispiele für Letztere gibt es viele, doch es bleibt nur Raum, einige wenige Vertreter dieser Spezies kurz vorzustellen. Obwohl auf ihre Weise auch Künstler, waren sie dennoch Stiefkinder der «Ars magna Alchemiae».

Beginnen wir mit Marco Mamugnà. Um 1545/50 in Zypern geboren, verließ er seine Heimat nach der Eroberung der seit 1489 unter venezianischer Herrschaft stehenden Insel durch die Türken im Jahr 1571. Er ließ sich in Venedig nieder, wo er in die Tricks der Goldmacherei eingeweiht worden sein dürfte. Seit 1574 nannte er sich *Bragadino*, nach dem Kommandanten von Famagusta, Marcantonio Bragadino (1525–1571), der nach heldenhafter Verteidigung die Stadt hatte übergeben müssen und von den Türken grausam gefoltert und hingerichtet worden war. Es gelang ihm immer wieder, Gönner zu finden, 1589 berief ihn sogar der venezianische «Rat der Zehn» in die Lagunenstadt, um Gold zu machen. Allerdings musste er nach wenigen Monaten fliehen. Ob er danach an den Hof Kaiser Rudolphs II. in Prag gelangte, ist ungewiss, gesichert ist indes ein Aufenthalt in Bayern, wo er in Herzog Wilhelm V. (1548–1626, reg. 1579–1597) einen neuen Gönner fand, der auch selbst an Experimenten teilnahm. Da diese ergebnislos blieben, wurde Bragadino schon nach recht kurzer Zeit, am 24. März 1591, ohne Wissen des Herzogs auf Betreiben der Landstände – die immer wieder für die herzoglichen Schulden aufzukommen hatten – verhaftet.

Durch ein umfassendes Geständnis entging er zwar der Folter, aber nicht dem Tod. Am 26. April 1591 wurde Marco Bragadino in München enthauptet. Herzog Wilhelm widmete sich auch danach der Alchemie. Der aufgedeckte Betrug Bragadinos konnte ihm, wie vielen anderen seiner Zeitgenossen, nicht den Glauben an die Möglichkeit der künstlichen Goldherstellung nehmen.

Ein ähnlich trauriges Ende nahm auch der Betrüger Dominico Emanuele Caetano, der sich selbst den Titel eines «Conte de Ruggiero» beilegte. 1667/70 in Neapel geboren, liegen zu seiner Herkunft nur ungenaue und teils widersprüchliche Angaben vor. Wahrscheinlich war er der Sohn eines Falschmünzers und verließ 1695 Neapel, nachdem er zuvor mehrfach der Falschmünzerei und Goldmacherei bezichtigt worden war. Immer wieder konnte er fliehen, ehe sein Betrug aufflog. Schließlich wurde er in Verona festgenommen, aber auf Intervention des Papstes Innozenz XII. (1615–1700, seit 1691 Papst) wieder freigelassen. Das Einschreiten des Papstes zugunsten eines Hochstaplers war auch damals recht ungewöhnlich, interessant ist aber, dass Innozenz seit 1681 Erzbischof von Neapel war, Caetano also vielleicht kannte. Es scheint, dass Caetano mit geheimen diplomatischen Missionen oder mit Spionage für den Vatikan betraut war. Vielleicht war dies der Grund, weshalb Caetano einige Zeit später am spanischen Hof auftauchte, denn der Papst war möglicherweise an Machenschaften beteiligt, die zum spanischen Erbfolgekrieg führten. Von Madrid kam Caetano auf Empfehlung des dortigen bayerischen Gesandten 1696 nach Brüssel, wo Kurfürst Max II. Emanuel (1662–1726), der Urenkel Wilhelms V., in seiner Eigenschaft als Statthalter der Spanischen Niederlande residierte. Caetano errang das Vertrauen Max Emanuels, der ebenso wie sein Vorfahr selbst im Labor Hand anlegte, wobei es zu einer nicht ungefährlichen Detonation kam, was der Zuversicht des Kurfürsten jedoch keinen Abbruch tat. Im April 1697 ernannte er Caetano zum bayerischen Generalfeldzeugmeister, um ihn an seinen Hof zu binden. Als er dennoch zweimal versuchte zu fliehen, wurde er nach München gebracht und unter die Aufsicht des kurfürstlichen Rates und Kammerdieners Peter von Dulac gestellt. Caetano arbeitete zunächst im Haus Dulacs in der Residenzstraße 24, danach auf der Burg Burghausen. Wegen andauernder Erfolglosigkeit setzte man ihn 1699 im Staatsgefängnis auf der Burg Grünwald bei München fest und leitete eine Untersuchung gegen ihn ein, die bis 1702 andauerte und der wir viele Informationen zu seinem Leben verdanken. Nach etwa eineinhalb Jahren konnte Caetano unter ungeklärten Umständen aus Grünwald fliehen, gelangte auf salzburgisches Gebiet, kehrte aber freiwillig nach Bayern zurück und arbeitete nun erneut in Burghausen bzw. im Kloster Raitenhaslach, von wo er sich 1702 nach Wien absetzte. Nach Stationen am Hofe Kaiser Leopolds I. (1640–1705) in Wien, Rückkehr nach Bayern und erneuten Aufenthalten in Wien begab sich Caetano 1705 an den Hof des Preußenkönigs Friedrich I. (1653–1713) nach Berlin. Der König nahm Caetano zwar nach erfolgreichen Probetransmutationen in seine Dienste, bewies aber entschieden weniger Langmut als Max Emanuel. Nachdem einige groß angelegte Versuche gescheitert waren, ergriff Caetano die Flucht, wurde aber in Frankfurt am Main gefasst und auf die preußische Festung Küstrin verbracht, wo er am 23. August 1709 an einem mit Flittergold beklebten Galgen endete.

Man könnte noch eine ganze Reihe anderer Goldmacherbiografien schildern, der Ablauf bliebe stets gleich. Die Goldmacher waren bereit, für ein zeitweilig prächtiges Leben große Risiken einzugehen, und endeten über kurz oder lang auf dem Schafott oder am Galgen. Nur wenige konnten diesem Schicksal entgehen, am bekanntesten ist wohl Wenzel Seyler (1648–1681), der 1675 und 1677 zwei berühmte Transmutationen am Hof Kaiser Leopolds I. (vor dem auch schon Caetano transmutiert hatte) durchführte. Die Goldmacher waren, wie die meisten Hochstapler, von einnehmendem Wesen, mit der Hofetikette vertraut, kultiviert und gebildet. Zudem verfügten sie über beachtliche chemisch-metallurgische Kenntnisse und beherrschten eine Reihe von mehr oder minder raffinierten Tricks, um bei den unter strenger Kontrolle vorgenommenen Probetransmutationen kleinere Mengen Gold unbemerkt in ihre Schmelztiegel zu bringen. Im Gegensatz zu vielen an Fürstenhöfen tätigen Alchemisten, die nicht behaupteten, den Stein der Weisen zu besitzen, wohl aber glaubten, ihn finden zu können, waren die Goldmacher Betrüger, da sie sehr wohl wussten, dass sie Dinge versprachen, die zu halten ihnen unmöglich war.

Obwohl man den Bragadinos und Caetanos jener Zeit eine beträchtliche kriminelle Energie bescheinigen muss, wirken sie doch nicht so abstoßend wie gewöhnliche Diebe oder Räuber. Gegenüber Hochstaplern schwingt meist eine gewisse Sympathie beim Betrachter mit, sofern die Opfer den Reichen und Mächtigen angehören (und der Betrachter nicht dazuzählt). Vielleicht sollte man hier auch auf Casanova verweisen, der sich bei einem Teil seiner «Opfer» alchemischer Machenschaften bediente. Auch die Tatsache, dass die Gier der von den Goldmachern Geschröpften deren Verstand offenbar immer wieder ausschaltete, verhindert allzu großes Mitleid. Die Faszination, die die Goldmacher und die häufig als reine Goldmacherei missverstandene Alchemie nach wie vor auf viele Menschen ausüben, hängt wohl mit der Zeitlosigkeit dieses Verhaltens zusammen. Ob jemand sein – nicht selten an der Steuer vorbeigeschmuggeltes – Vermögen an einen Goldmacher oder einen sogenannten Finanzinvestor verliert, ist letztlich völlig gleichgültig. Beides gründet im Streben nach mühelosem Reichtum und dem Glauben an wunderbare Geldvermehrung. Dass man auch im 20. Jahrhundert noch auf Goldmacher hereinfiel, werden wir später sehen.

5. Die Alchemie, die Utopie und die Vernunft – Rosenkreuzer, Alchemisten und Naturwissenschaftler in der Zeit der Aufklärung

Die «Berlinische Monatsschrift» brachte in ihrem Dezemberheft des Jahres 1783 einen Aufsatz des Berliner Pfarrers Johann Friedrich Zöllner mit dem Titel «Ist es rathsam, das Ehebündniß nicht ferner durch die Religion zu sanciren?». Dem Autor

5. Die Alchemie, die Utopie und die Vernunft

ging es nicht um diese – aus seiner Sicht gleichwohl bedeutende – Frage allein, sondern um eine Stellungnahme zu den sich immer stärker im gesellschaftlichen Bewusstsein verbreitenden Ideen der Aufklärung. Der Beitrag des Pfarrers zu dieser Debatte könnte ohne Weiteres vernachlässigt werden, hätte er nicht eine Fußnote eingefügt. In dieser Fußnote stellte er nämlich die polemisch gemeinte Frage «Was ist Aufklärung?». Dies wiederum veranlasste den bedeutendsten Philosophen jener Zeit zu einer Replik, die in derselben Zeitschrift ein Jahr später, im Dezember 1784, erschien. Unter dem schlichten Titel «Beantwortung der Frage: Was ist Aufklärung?» formulierte Immanuel Kant (1724–1804) jene paradigmatischen Sätze, die bis heute das Bild und das Wesen der Aufklärung bestimmen:

Aufklärung ist der Ausgang des Menschen aus seiner selbstverschuldeten Unmündigkeit. Unmündigkeit ist das Unvermögen, sich seines Verstandes ohne Leitung eines anderen zu bedienen. Selbstverschuldet ist diese Unmündigkeit, wenn die Ursache derselben nicht am Mangel des Verstandes, sondern der Entschließung und des Mutes liegt, sich seiner ohne Leitung eines anderen zu bedienen. Sapere aude! Habe Mut, dich deines eigenen Verstandes zu bedienen! ist also der Wahlspruch der Aufklärung.»

Waren die grundlegenden Werken Kants, die bis heute von maßgeblichem Einfluss auf die Philosophie sind, der intellektuelle Höhepunkt der Epoche der Aufklärung, so war ein nicht weniger einprägsamer Satz ihr Ausgangspunkt und Programmentwurf: «Cogito ergo sum», erklärte der Philosoph und Mathematiker René Descartes (1596–1650). Mit diesem «Ich denke, also bin ich» wurde zum Ausdruck gebracht, dass der Mensch nicht auf Gott, sondern nur auf sich selbst zurückführbar ist. Nur durch sein eigenes Denken kann sich der Mensch seiner Existenz versichern, nicht durch den Glauben an seine Gottgeschaffenheit. Descartes kam zu diesem Schluss, nachdem er vergeblich versucht hatte, einen streng logischen Gottesbeweis zu führen. Zudem bewirkt das «Cogito ergo sum» ein neues Selbstverständnis des Menschen, die Befreiung seines Denkens und Handelns aus dem von kirchlichen Glaubenssätzen und Dogmen bestimmten Rahmen und die Konstituierung eines auf Autonomie und Rationalität gerichteten Selbstbewusstseins.

Die Vernunft

Descartes entwickelte eine universale Methode zur Erforschung der Welt, nämlich das *rationale Denken*. 1637 fasste er seine Thesen in einem Werk zusammen, dessen verkürzter Titel «Discours de la méthode» lautet und dessen geistesgeschichtliche Tragweite kaum zu überschätzen ist. Darin enthalten ist eine Erkenntnistheorie, die nur das als wahr und real existierend anerkennt, was durch schrittweise Analyse und logische Deduktion nachgewiesen ist. Die Natur insgesamt, ob auf der Erde oder im Kosmos, wird durch bestimmte Gesetze regiert, deren Aussagen dem Menschen mittels rationalen Denkens zugänglich sind. Der Mensch kann also prinzipiell die Schöpfung Gottes mit dem Verstand begreifen und die Natur durch geschickte Nutzung jener Gesetze nach seinem Willen beeinflussen.

Die Welt insgesamt, einschließlich des Menschen, war ein gigantischer Mechanismus, eine Maschine, basierend auf den Gesetzen der Klassischen Mechanik. Nur was im Rahmen dieser Gesetze erklärbar war, war auch real, alles andere waren Hirngespinste oder Sinnestäuschungen. Kant hat diesem extremen Rationalismus 1781 in seiner «Kritik der reinen Vernunft» eine deutliche Absage erteilt, aber zunächst war den Aufklärern nicht bewusst, dass sie sich damit selbst wieder neue Grenzen des Denkens schufen, nicht erkennend, dass das mechanistische Denken ein reduktionistisches Verständnis von Natur und Mensch darstellt.

War in einem solchen geistigen Klima überhaupt noch Platz für die Alchemie und ihre so ganz andere Denkweise? Das Bestreben der Verfechter der Aufklärung, das «Licht der Vernunft» zu verbreiten und damit das «Dunkel des Aberglaubens» zu vertreiben, erzeugte zwangsläufig auch Gegenströmungen. Und diese lassen sich nicht allein dem generellen Beharrungsbestreben ideologisch wie politisch konservativer Kreise zuschreiben, sondern verdanken sich auch einer inhärenten Problematik. Das rationale Denken als solches konnte nur funktionieren, wenn man auf metaphysische Begründungen verzichtete, was gleichzeitig einen Verzicht auf die Begründung der Sinnhaftigkeit der Schöpfung einschloss oder zumindest einzuschließen schien. Das Problem besteht im Kern bis heute und lässt sich kurz auf den Nenner bringen, dass die Naturwissenschaft als Quintessenz der Aufklärung zwar immer besser erklären kann, *wie* die Welt funktioniert, aber nicht, *warum* sie das tut bzw. weshalb sie überhaupt vorhanden ist.

Die Utopie

Zu dem Problem, dass die Aufklärung zwar eine klar definierte Forschungsmethode entwarf, aber keine überzeugende Deutungsmethode für die Ergebnisse dieser Forschungen anbieten konnte, kam noch etwas anderes, nämlich der am Ende des 16. und zu Beginn des 17. Jahrhunderts mehrfach unternommene Versuch, eine irdische Idealgesellschaft zu konzipieren. Dieser Versuch war nicht grundsätzlich gegen die Herrschaft der Religion als solche gerichtet, entsprang aber einer kirchenkritischen Haltung wie auch dem Abschied von der Vorstellung eines baldigen Weltenendes und einer distanzierteren Beziehung zur immer wieder enttäuschten Heilserwartung der Christen. Wenn die Welt die Geborgenheit der Gottesnähe verliert, muss dieser Verlust an transzendenter Sinnsetzung durch eine auf den Grundsätzen des aufgeklärten Denkens beruhende, erreichbar scheinende Utopie eines «irdischen Paradieses» ersetzt werden.

Natürlich gab es auch voraufklärerische Utopien. Schon Plato entwarf in seinen Werken vom «Staat» und in den «Gesetzen» eine ideale Gesellschaft, verstand darunter aber eher eine moralische Begründung einer bestimmten Autoritätsstruktur. Einen idealen Staat beschrieb auch Thomas Morus (1478–1535) in seinem 1516 veröffentlichten Roman «Utopia», der von solchem Einfluss war, dass sich der Titel als Begriff des Idealstaats etablierte. Morus' «Utopia» gehört chronologisch in die Zeit der Renaissance, nimmt aber schon gesellschaftliche Vorstellungen der Aufklärung vorweg.

Die Prototyp der aufgeklärten Utopie ist Francis Bacons (1561–1626) «Nova Atlantis» (publiziert 1626). In Bezugnahme auf das antike Atlantis Platos beschreibt auch Bacon in seinem «Neuen Atlantis» einen Idealstaat. Der wesentliche Unterschied zu älteren Utopien besteht dabei in der Art, wie das Ziel allgemeinen Glücks und Wohlergehens erreicht wird, nämlich mit Hilfe von Wissenschaft und Technik. Das «Haus Salomons», zugleich Machtzentrum und Forschungsinstitut, entwickelt die Verfahren und Produkte zur Befriedigung der menschlichen Bedürfnisse. Im Gegensatz zu Morus verlangt Bacon auch keine moralische Höherentwicklung des Menschen. Er geht im Gegenteil davon aus, dass jeder derartige Versuch lediglich Zeitverschwendung sei. Man müsse den Menschen nehmen, wie er ist, könne ihn aber mit Hilfe von Wissenschaft und Technik glücklich machen. Das ist die Essenz nicht nur der Doktrin der Atlantier, sondern auch der Aufklärung. Die moralische Höherentwicklung des Menschen wurde von den meisten Aufklärern allerdings nicht von vornherein geleugnet, eher dachte man an einen Prozess, der mit der Befreiung von Zwängen und Existenznöten quasi automatisch einhergehen werde. Mit seinem Entwurf lieferte Bacon den Prototyp der auf Selbstvertrauen und Fortschrittsglauben basierenden Utopie. Die Gründung der britischen *Royal Society* im Jahr 1660 geht nicht zuletzt auf die Wirkung zurück, die Bacons «Neues Atlantis» auf die Zeitgenossen ausübte. Andere Beispiele für technisch-wissenschaftliche Gesellschaftsutopien sind etwa Tommaso Campanellas (1568–1639) «Cittá del Sole» (Sonnenstadt, 1623), Samuel Hartlibs (1600–1662) «Macaria» (1641) und Johann Valentin Andreaes (1586–1654) «Reipublicae Christianopolitanae Descriptio» (1619).

Die Ziele der «atlantischen» Wissenschaftler reichen indes weit über die Erlangung eines materiellen Glückszustandes hinaus. Bacon beschreibt sie so: «The End of our Foundation is the knowledge of Causes, and secret motions of things; and the enlarging of the bounds of Human Empire, to the effecting of all things possible.» (Das Ziel unserer Stiftung ist die Kenntnis der Ursachen und der geheimen Bewegungen der Dinge; und die Ausdehnung der Grenzen des Reiches des Menschen bis hin zur Beherrschung all dessen, was möglich ist.) Hier trifft sich das modernistische Neue Atlantis mit dem uralten Traum der Gnostiker vom Menschen als Demiurg, und der Kreis von Vernunft, Utopie und Alchemie beginnt sich zu schließen.

Utopie und Alchemie –
Der «Löbliche Orden des Rosenkreutzes»

Anno 1614 erschien eine anonyme Schrift mit dem Titel «Fama Fraternitatis des Löblichen Ordens des Rosenkreutzes». Darin wird die Geschichte eines Christian Rosenkreu(t)z erzählt, der angeblich die arabischen Länder bereist und dort die geheimen magischen Künste und Wissenschaften studiert hatte. Nach der Rückkehr habe er die «Fraternitatis Rosae Crucis» (Bruderschaft RC) gegründet, die sich frommen Werken wie der Heilung von Kranken widmete und das von Rosencreutz erworbene geheime Wissen an ausgesuchte Personen weitergab, die dazu in den Orden aufgenommen werden mussten. Nach dem Tode des Gründers der Bruderschaft wurde dessen Grabstelle geheim gehalten, aber, so die «Fama», die Brüder hatten kurz vor der Veröffentlichung der «Fama» die Gruft gefunden und darin neben dem Leichnam eine Anzahl von Schriften und Gegenständen entdeckt. Diese Entdeckung bot den Anlass zur Publikation der «Fama», da man nunmehr den Anbruch eines Neuen Zeitalters in Kürze erwartete. Der Orden wurde weder personell noch räumlich lokalisiert, aber jeder, der den Brüdern etwas mitteilen wolle, würde gehört werden. Der «Fama» ist ein Anhang beigefügt, ein Sendschreiben eines gewissen Adam Haselmeyer an die Bruderschaft, für das er von den Jesuiten gefangen genommen und auf eine Galeere geschickt worden sei (so das Titelblatt). Haselmayr ist eine historische Persönlichkeit; er wurde um 1560 in Bozen geboren und verstarb Anfang 1613 tatsächlich auf einer genuesischen Galeere. Er hatte bereits 1610 – also zwei Jahre vor der Drucklegung – eine handschriftliche Fassung der «Fama» gelesen und 1612 mit seiner «Antwort an die lobwürdige Brüderschafft der Theosophen von RosenCreutz N. N.» reagiert, die der Druckfassung der «Fama» beigefügt wurde. Er war in eine scharfe religiöse Auseinandersetzung mit dem Jesuitenorden bzw. dem zeitweiligen Schwazer Bergwerksarzt Hippolyt Guarinoni verwickelt, in der es um die paracelistische Medizin und damit verbundene theologische Kontroversen ging. Im Verlauf mehrjähriger Streitigkeiten erreichten die Jesuiten eine Verurteilung Haselmayrs zur Galeere durch Erzherzog Maximilian ohne förmliches Gerichtsverfahren.

1615 erschien eine weitere anonyme Schrift, die «Confessio Fraternitatis Rosae Crucis» in Latein, bald gefolgt von einer deutschen Übersetzung. Der Anspruch auf geheime Kenntnisse durch die Bruderschaft wird unterstrichen, und der Anbruch eines Neuen Zeitalters, wo «weise und verstendige Leute darin herrschen», wird angekündigt. Der Tyrannei des Papstes würde ein Ende gemacht, und ein Reich des Lichtes werde anbrechen. In der Aufklärung wird das Licht der Vernunft gegen das Dunkel des Aberglaubens gesetzt. Die «Fama» wie die «Confessio» tragen eindeutig protestantische Züge, wenden sich aber auch gegen orthodoxes Luthertum. Eine neue göttliche Offenbarung habe ein vertieftes Verständnis von Christus, aber auch von der Natur ermöglicht. Eine Gemeinschaft der Gelehrten auf der Basis einer in der Antike wurzelnden allumfassenden Wissenstradition sollte durch die Bruderschaft errichtet werden. Für diese sei die Transmutation eine triviale Aufgabe, ein Kinderspiel.

1616 wurde in Straßburg die «Chymische Hochzeit Christiani Rosenkreutz» gedruckt. Darin berichtet ein Erzähler – vorgeblich Rosenkreutz selbst – von der Hochzeit eines Königs und einer Königin, die sich über sieben Tage erstreckt. Das Motiv der Hochzeit von König und Königin ist in der alchemischen Literatur sehr bekannt und symbolisiert die Vereinigung der Gegensätze bzw. die Verbindung von Mercurius und Sulphur. Die sieben Tage beziehen sich auf das häufig in sieben Stufen beschriebene *Opus magnum*. Das Werk stellt eine allegorische Beschreibung der Darstellung des Steins der Weisen dar.

Es erschließt sich ohne Weiteres, dass die Rosenkreuzer-Manifeste, besonders die «Confessio», utopische Züge aufweisen.

Alle drei entstanden im Umkreis des Tübinger Theologen Johann Valentin Andreae (1586–1654), der 1619 mit der «Reipublicae Christianopolitanae Descriptio» eine weitere utopische Schrift vorlegte, und des Paracelsisten Tobias Heß (1568–1614). Die Gesellschaftsutopie der Rosenkreuzer-Texte ist religiös radikal-reformerisch, von der Intention her rückwärtsgewandt und inhaltlich von einer Mischung aus Neuplatonismus, Gnosis und Theosophie bestimmt. Diese Art Utopie beruhte letztlich auf einem Heilsversprechen und eschatologischen Erwartungen, war also grundsätzlich antirational. Die Utopie eines Francis Bacon war dagegen technisch-wissenschaftlich, rational und zukunftsgerichtet. Anscheinend trafen aber die Rosenkreuzer-Manifeste recht genau die Stimmungslage zahlreicher Zeitgenossen am Vorabend des Dreißigjährigen Krieges, einer Zeit voll politisch-religiöser, aber auch sozialer und wirtschaftlicher Krisen. Die Resonanz war jedenfalls enorm: Bis 1622 signalisierten an die zweihundert öffentliche Antworten auf die Manifeste die Bereitschaft der Unterzeichner, sich in den Dienst der Bruderschaft zu stellen – nicht zuletzt bestimmt von der Erwartung, in den Besitz des geheimen Wissens um den Stein der Weisen zu gelangen. Da die Bruderschaft eine Mystifikation war, konnte natürlich niemand aufgenommen werden, was indes manche Betrüger nicht daran hinderte, im Namen des Rosenkreuzes zu antworten, was wiederum den Glauben an die Existenz der Bruderschaft weiter festigte. Obwohl die öffentliche Debatte um den Orden bald nach Ausbruch des Krieges aufhörte, war mit den Rosenkreuzer-Texten ein neuzeitlicher Mythos geschaffen worden, der bis in die Gegenwart fortwirkt. Die Vorstellung einer geheimen Bruderschaft von Weisen mit dem Wissen des Goldenen Zeitalters erwies sich als dauerhaftes Faszinosum.

Wieder aufgegriffen, wurde auch in stark modifizierter Form, wurde die Idee der alchemisch-religiösen Geheimgesellschaft von dem Theologen, Mystiker und Alchemisten Samuel Richter, der sich auch Sincerus Renatus (der «aufrichtig Wiedergeborene») nannte. Über Richter ist kaum etwas bekannt; gegen Ende des 17. Jahrhunderts geboren, verlieren sich seine Spuren nach 1722. Das Geheimnis der Alchemie ist aus Richters Sicht nur auf dem Weg göttlicher Offenbarung zu erlangen. Konsequenterweise polemisiert er gegen die «natürliche Vernunft», die nur die Oberfläche, nicht aber die Tiefe der Naturerkenntnis (die in diesem Sinne immer auch Gottes- und Selbsterkenntnis ist) erfassen kann. Er orientierte sich stark an der «christlichen Hermetik» Jakob Böhmes und strebte eine Verbindung von Theosophie, Mystik, Medizin und Alchemie an. Damit gab Richter den Kurs der im 18. Jahrhundert weitverbreiteten «Theo-Alchemie» vor. Seine 1711 unter dem Pseudonym Sincerus Renatus verfasste «Theo-Philosophia Theoretica-Practica» wurde zu einem klassischen Werk der Hermetik jener Zeit.

1710 veröffentlichte er seine Erstlingsschrift mit dem verheißungsvollen Titel «Die wahrhaffte und vollkommene Bereitung des Philosophischen Steins». In dem Buch taucht erstmals die Bezeichnung «Gölden- und Rosenkreuz» auf. Richter behauptet hier, die letzten Mitglieder der Bruderschaft der Rosenkreuzer hätten sich vor langer Zeit nach Indien begeben, nun aber sei in deren Geist eine Neugründung erfolgt, eben der Orden der Gold- und Rosenkreuzer. Zugelassen sind ausdrücklich auch Katholiken, aber keine «Sekten». Es gibt kein Indiz dafür, dass sich irgendwo eine derart organisierte Gruppe gebildet hätte. Das heißt nicht, dass es keine Einzelpersonen und Gruppen gegeben haben kann, die sich selbst als Gold- und Rosenkreuzer bezeichneten, es bestand aber kein organisatorischer Überbau in der von Richter erläuterten Form.

Utopische Versprechungen, enttäuschte Erwartungen – Die Gold- und Rosenkreuzer

Samuel Richter hatte mit seinen in hermetisch interessierten Kreisen viel beachteten Büchern zwar die geistige Richtung gewiesen, sein Bericht von der Gründung des Ordens der Gold- und Rosenkreuzer blieb aber – anders als knapp einhundert Jahre früher die «Fama» – ohne besondere Resonanz. Dass sich dies änderte und, wenn auch ohne Richters Beteiligung, eine tatsächlich existierende Geheimgesellschaft der Gold- und Rosenkreuzer zustande kam, hängt eng mit den Freimaurern zusammen. Blicken wir daher zunächst nach Frankreich, wo 1762 eine Freimaurervereinigung, der «Conseil des Chevaliers d'Orient», in Erscheinung trat und einen Baron namens Theodore Henri de Tschoudy beauftragte, eine Lehrakte für die in sieben Hochgrade eingeteilte Loge zu entwerfen. Als höchster Grad ist darin der «Chevalier Rose-Croix» vorgesehen, der «Ritter vom Rosenkreuz». Bei der Gründung der deutschen «Gold- und Rosenkreuzer» verbanden sich dann die Vorstellungen Richters mit der französischen Schöpfung der «Ritter vom Rosenkreuz», die wiederum von der sogenannten «Schottischen Freimaurerei» maßgeblich beeinflusst worden war. Wahrscheinlich formierte sich die erste Loge, oder der erste «Zirkel» der Gold- und Rosenkreuzer um 1765. Einer der maßgeblichen Initiatoren der Gold- und Rosenkreuzer war Bernhard Joseph Schleiß von Löwenfeld (1731–1800), der als kurpfälzischer Hofrat in Mannheim tätig war. Tschoudy wiederum war im relativ nahe gelegenen Metz ansässig.

Das organisatorische Gerüst und die inhaltliche Ausrichtung der neuen Gruppierung war gegeben, es ging nun darum, diesen Rahmen mit Leben zu erfüllen. Die Ordensgründer um Schleiß von Löwenfeld hatten selbst keine nennenswerte Kenntnis der Alchemie, glaubten aber fest an die Existenz des Steins der Weisen und daran, dass zumindest einige wenige wahre Adepten lebten, die den Stein besaßen. Das Ziel bestand darin, diese Weisen und ihren Stein zu finden und in die Gesellschaft der Gold- und Rosenkreuzer zu integrieren. Da es, wie wir wissen, keinen «echten» Adepten gab, war das Scheitern eine Frage der Zeit.

Die Mitglieder des Gold- und Rosenkreuzes entstammten durchweg höheren sozialen Schichten und waren Naturforscher, Ärzte, Offiziere und insbesondere Theologen, die teils dem Adel angehörten. Die Mitgliedschaft war sehr kostspielig und bewirkte eine Ausgrenzung unterer Gesellschaftsschichten. Die hochbürokratische Hierarchie des Gold- und Rosenkreuzes wurde durch eine für den Einzelnen kaum überschaubare Lehre ergänzt. Das pansophische Grundkonzept, wonach die Natur «ein Ausfluss der Schöpferkraft Gottes und somit selbst ein Stück Gottheit» ist und das schon bei Samuel Richter erscheint, wurde beibehalten; die modernen Naturwissenschaften wurden als irrelevant angesehen bzw. als gefährlicher Irrweg betrachtet, der von der «eigentlichen» Erkenntnis der Schöpfung wegführe. Eine konservativ-fortschrittsfeindliche Haltung verband sich mit einem totalitären Machtanspruch der Führung, kritisches, selbständiges Denken war nicht erwünscht, stattdessen forderte man geistige Unterwerfung. Der Orden florierte schon kurz nach seiner Gründung und bildete einen Schwerpunkt in Berlin aus, was mit der Mitgliedschaft von Persönlichkeiten wie dem General Johann Rudolf v. Bischoffwerder (1741–1803), dem preußischen Premierminister Johann Christoph Wöllner (1732–1800) und insbesondere dem prominentesten Gold- und Rosenkreuzer, König Friedrich Wilhelm II. von Preußen (1744–1797), zusammenhängt. Allerdings währte die Blütephase nur kurz, schon zu Beginn der 1780er Jahre verschwand der Orden zunehmend aus dem öffentlichen Blickfeld, und 1792 löste er sich auf.

Alchemisch versierte Mitglieder besaß der Orden nur wenige. Am profiliertesten war wohl der Mediziner und Alchemist Friedrich Joseph Wilhelm Schröder (1733–1778). Dieser verteidigte in mehreren umfangreichen Werken die Glaubwürdigkeit der «wahren» Alchemisten und versuchte (ähnlich wie nach ihm Schmieder) die Metalltransmutation historisch zu belegen. Über die näheren Umstände seiner Aufnahme ist wenig bekannt, jedoch dürfte Schröder, der eine Medizinprofessur in Marburg innehatte und mit zahlreichen Gelehrten korrespondierte, zwischen 1766 und 1774 für die Gold- und Rosenkreuzer als «Propagandist und Zirkeldirektor» gewirkt haben. Zu erwähnen sind auch Georg Forster (1754–1794) und Samuel Thomas Sömmering (1755–1830), sie waren zwar keine Alchemisten, aber bekannte Gelehrte. Forster hatte zusammen mit seinem Vater Reinhold (1729–1798) James Cook auf dessen zweiter Weltumsegelung von 1772 bis 1775 begleitet und trat als Autor des von seinem Vater verfassten Reiseberichts auf. Er war bemüht, seine in London in großen finanziellen Schwierigkeiten steckenden Eltern zu unterstützen, und versprach sich von seiner Tätigkeit im Orden den Erwerb des Steins der Weisen. Sömmering war Arzt und Anatom. Wie Forster war auch er von 1779 bis 1784 Professor am Kasseler Collegium Carolinum und dann an der Universität Mainz. 1805 wurde er Mitglied der Bayerischen Akademie der Wissenschaften und siedelte nach München über, wo er bis 1820 blieb. Seine letzten Lebensjahre verbrachte er wiederum in Frankfurt.

Beide traten den Gold- und Rosenkreuzern in Kassel bald nach 1779 bei. Durch ihren regen Briefwechsel wissen wir, dass beide anfangs mit großem Enthusiasmus, aber wenig chemischem Wissen an die Arbeit gingen. Auch wurde in intensiven Gebetsübungen die Gnade des Allmächtigen erfleht. Die Erfolge blieben indes aus; im Laufe des Jahres 1783 trat bei Forster eine gewisse Ernüchterung ein, er begann an den Gold- und Rosenkreuzern und an der Erreichbarkeit ihrer Ziele zu zweifeln. Auch Sömmering glaubte nicht mehr an die Weisheit der «Oberen» und deren geheimes Wissen, und beide zogen sich zurück. Um die Mitte des Jahres 1784 erhielten sie ein «Exemptionspatent», das heißt eine offizielle Entbindung von ihren Ordensgelübden.

Interessanterweise kam auch einer der namhaftesten Chemiker jener Zeit, Martin Heinrich Klaproth (1743–1817), zeitweise mit den Gold- und Rosenkreuzern in Berührung, allerdings anders, als diese es sich wohl gewünscht haben. Näheres dazu findet sich in Hermann Kopps «Alchemie». Danach war Klaproth Freimaurer und gehörte (wie übrigens auch König Friedrich II.) der Loge «Zu den drei Weltkugeln» an, die sich «um die Mitte der 1780er Jahre den Rosenkreuzern völlig überliefert hatte» und zu deren besonders eifrigen Brüdern «ein Klaproth» gehörte. Er scheint eine recht hohe Position eingenommen zu haben, denn er war bei einem Experiment zugegen, das dem neunten Grad – der eigentlich schon längst im Besitz des Lapis hätte sein müssen – von den Oberen aufgegeben worden war. Der Versuch fand um 1787 statt und führte zur Einstellung weiterer Arbeiten:

In Berlin erfolgte der Schluß der Arbeiten, als dem neunten Grade von den weisen Vätern ein chemischer Proceß vorgeschrieben war, und glücklicherweise der Chemiker Klaproth zugegen war, welcher bewies, daß das ganze Gebäude, in dem sich das Laboratorium befand, in die Luft gesprengt werden müsse, wenn man den Proceß unternähme.

Prinz Friedrich von Braunschweig, in dessen Palaste das Laboratorium war, wurde nun überzeugt, daß er es mit Leuten zu tun habe, welche sich Kenntnisse auf Anderer Kosten und Gefahr verschaffen wollten; er ließ das Laboratorium niederreißen und der Zirkel wurde aufgelöst.

Nur am Rande sei bemerkt, dass auch der heute zu Unrecht nur noch wegen seiner Benimmregeln bekannte Adolph Freiherr von Knigge (1752–1796) an der Alchemie reges Interesse hatte und mit Hilfe des schon erwähnten Friedrich Joseph Wilhelm Schröder dem Orden beitreten wollte, von den «Oberen» aber mit dem Rat, erst noch bessere alchemische Kenntnisse zu erwerben, abgewiesen wurde. Knigge wandte sich daraufhin dem berühmt-berüchtigten Geheimbund der Illuminaten zu, an deren zeitweiligem Aufblühen hauptsächlich er und nicht der nachgerade legendäre Adam Weishaupt (1748–1830) maßgeblichen Anteil hatte.

Alchemie, Glaube und Vernunft –
Isaac Newton und Robert Boyle

Schon im vorigen Kapitel ist deutlich geworden, dass sich die Alchemie um 1600 in zwei zunehmend getrennt voneinander verlaufende Entwicklungslinien gespalten hat. Die «esoterische» Linie führte zu den Theo-Alchemisten des Rosenkreuzes und seiner Nachfolger und setzt sich bis heute fort (z. B. in der alchemisch inspirierten Psychoanalyse C. G. Jungs, in anthroposophisch oder theosophisch geprägten Zirkeln und in diversen, den Prinzipien der paracelsischen Spagyrik nachempfundenen Arzneimitteln). Der andere Zweig führte über Georg Ernst Stahls Phlogistonlehre zu Lavoisier, Dalton und der modernen Chemie, worauf noch einzugehen sein wird. Es gibt aber in dieser historischen Entwicklung auch Zwischenbereiche, und diese sind, zumindest in geschichtsphilosophischer Hinsicht, besonders interessant. Sie belegen nämlich, dass es einigen Menschen durchaus möglich war, sowohl Alchemist als auch Chemiker oder Physiker zu sein, und dass diese Menschen auffallenderweise zu den besonders herausragenden Geistern ihrer Zeit gehörten.

Die Vorstellung, dass sich geistig-kulturelle Entwicklungen sprunghaft, in Form abrupter Paradigmenwechsel vollziehen, wird hier eindrucksvoll ad absurdum geführt. Mit anderen Worten: Das Schlagwort von der «Scientific Revolution», das Thomas S. Kuhn mit seinem gleichnamigen Buch 1962 berühmt machte, eignet sich nicht zur Beschreibung historischer Prozesse, weil es die Entwicklungen aus einer reinen Post-festum-Perspektive betrachtet, quasi von einem Standpunkt am «Ende der Geschichte» (ein weiteres fragwürdiges Schlagwort). Natürlich ändern sich Betrachtungsweisen, Weltbilder und Fragestellungen, aber diese Änderungen erfolgen graduell. Wenn man sinnvollerweise annimmt, dass eine Revolution sich nicht über Jahrzehnte erstreckt, sondern ein plötzlich ablaufender, kurzer Prozess ist, dann gibt es keine wissenschaftlichen Revolutionen.

Etwas näher betrachten möchte ich im Licht dieser These das Leben und die alchemischen Aktivitäten zweier Gelehrter von außergewöhnlichem Rang, die offenkundig die Kunst der «Vereinigung der Gegensätze», die so zentral für das Denken der Alchemie ist und die der Mensch heute weitgehend verlernt hat, durchaus beherrschten. Ich meine Robert Boyle und Isaac Newton.

Robert Boyle (1627–1691) entstammte einer der reichsten Familien des Vereinigten Königreichs, erhielt eine standesgemäße Erziehung und kehrte nach einer fünfjährigen Bildungsreise durch mehrere europäische Länder nach England zurück, wo er sich zunächst auf theologisch-philosophischem Gebiet betätigte, ehe er 1649 mit chemischen und physikalischen Experimenten begann. Mit Hilfe von Robert Hooke (1635–1703) baute er 1659 eine Vakuumpumpe, mit der er pneumatische Experimente durchführte. Dabei stellte er fest, dass bei gleicher Temperatur der Druck eines (idealen) Gases umgekehrt proportional zu seinem Volumen ist. Diese physikalische Beziehung, die unabhängig auch von Edme Mariotte (um 1620–1684) entdeckt wurde, ist als Boyle-Mariotte'sches Gesetz bekannt. Nachdem Boyle Oxford verlassen hatte, verbrachte er den Rest seines Lebens als Privatgelehrter im Hause seiner Schwester Catherine, Lady Ranelagh, in London und zählte 1660 zu den Gründungsmitgliedern der Royal Society.

Die ihm angetragene Präsidentschaft der Royal Society lehnte er ebenso ab wie die Bischofswürde. Er starb 1691, eine Woche nach dem Tod seiner Schwester.

Robert Boyle war ein sehr religiös empfindender Mensch und wollte das spirituelle Bewusstsein einer ihm zu profan denkenden Gesellschaft erneuern. Obwohl er «Voluntarist» war, das heißt zu jenen Aufklärungskritikern zählte, die der Idee der Existenz von Naturgesetzen skeptisch gegenüberstanden, weil sie hier die Allmacht Gottes eingeschränkt sahen, lehnte er die Erforschung der Natur keineswegs ab. Er war vielmehr der Ansicht, dass die *mechanistische Philosophie* auch theologisch vorteilhafter sei als die überkommene aristotelische Denkweise, weil durch die Konzentration auf die Eigenschaften und Kräfte der Materie als solcher Gott gewissermaßen unangetastet bleibe. Mit den von ihm gestifteten «Boyle Lectures», die bis heute stattfinden, sollte der Unglauben mit naturwissenschaftlichen Argumenten bekämpft werden. Zu dieser Haltung passen gut Boyles Betonung der experimentellen Forschung und die ausgeprägte Zurückhaltung gegenüber umfassenden Theorien.

Boyle wird üblicherweise als einer der Väter der naturwissenschaftlichen Chemie betrachtet, was mit seinen Ansichten bezüglich der Existenz von Atomen begründet wird. In seinem 1661 erschienenen Hauptwerk «The Sceptical Chymist: or Chymico-Physical Doubts and Paradoxes, Touching the Spagyrist's Principles Commonly call'd Hypostatical» behandelt Boyle nämlich die Frage, was man unter einem Element zu verstehen habe. Die aristotelischen Elemente (Erde, Wasser, Feuer, Luft) hielt er für reine Erfindungen, ebenso die drei alchemischen Prinzipien Sal, Sulphur und Mercurius. Nach Boyles Definition sind Elemente «gewisse einfache, vollständig ungemischte Körper, aus denen die wahrhaft gemischten Körper aufgebaut sind». Als wahrhaft gemischte Körper («perfectly mixt bodies») betrachtet er alle Substanzen, die wir chemische Verbindungen nennen. Diese sind weder mechanische Mischungen (etwa Salz und Pfeffer), noch sind sie chemisch nicht mehr weiter zerlegbare «einfache» Stoffe. Von einem modernen Konzept des chemischen Elements kann bei Boyle dennoch keine Rede sein. Mit dem Begriff des chemischen Elements unvereinbar ist auch Boyles Glaube an eine «Universalmaterie», die sich nur durch die Form ihrer Atome und deren Bewegungszustand ausdifferenziert und die als solche kaum oder gar nicht zugänglich ist. Die Verbindungen, die «perfekt gemischten Körper», bestehen zudem stets aus allen – wie auch immer strukturierten – Elementen bzw. aus deren unterschiedlich geformten und bewegten Atomen. Auch ohne nähere Analyse wird deutlich, dass Boyle hier dem aristotelischen Konzept vom Bau der realen Stoffe näher steht als dem modernen Element- und Verbindungskonzept. Dennoch hat er mit seiner Betonung der Wichtigkeit chemischen Experimentierens, mit seiner Unterstützung einer mechanistischen Betrachtungsweise der Natur und mit seiner Überzeugung von der praktischen Nützlichkeit wissenschaftlicher Forschung wesentlich zur Entwicklung der Physik und Chemie beigetragen. Auch die im 17. Jahrhundert neu aufgeflammte Debatte bezüglich der Existenz kleinster Teilchen wurde von Boyle, dem namhaftesten Vertreter des «chemischen Atomismus», maßgeblich geprägt. Alles in allem kann man Boyle mit Recht zu den Begründern der modernen Chemie rechnen.

Andererseits war er aber auch ein entschiedener Verfechter der Alchemie. Er war Zeuge mehrerer, von fahrenden Adepten durchgeführter Transmutationen geworden und verfasste einen «Dialogue on Transmutation», worin er sich entschieden für die Möglichkeit einer Transmutation mittels des Steins der Weisen aussprach (ein Fragment dieses Textes wurde 1678 anonym unter dem Titel «A Degradation of Gold by an Anti-Elixir» veröffentlicht). Durch den Alchemisten George Starkey (1628–1665) gelangte er in den Besitz eines geheimnisvollen «Merkurs der Philosophen», mit dem er an die 40 Jahre lang experimentierte. In seiner 1666 erschienenen Abhandlung «Origine of Formes and Qualities» erläutert er seine Versuche und berichtet von einer seiner Meinung nach erfolgreichen Umwandlung von Gold in Silber (also einer umgekehrten Transmutation) mittels eines kraftvollen Lösungsmittels, das er *menstruum peracutum* nannte. Zweifellos glaubte Robert Boyle sein ganzes wissenschaftliches Leben lang an die Alchemie und ihr Potenzial.

Alchemie, Glaube und Vernunft 91

Boyle vertraute den Kräften des Steins der Weisen so sehr, dass er sogar annahm, dieser könne die Kommunikation mit den Engeln ermöglichen oder erleichtern. Sein Denken verlief auf der Grenzlinie zwischen der hergebrachten, metaphysisch geprägten Naturphilosophie und einem neuen, naturwissenschaftlich-rationalen Weltbild.

Isaac Newton (1642/43–1727) gehört zu den bedeutendsten Naturforschern aller Zeiten. Er formulierte die fundamentalen Gesetze der Gravitation, entwickelte die Korpuskulartheorie des Lichts und erfand (unabhängig von Leibniz) die Methode der Integral- und Differentialrechnung, ohne die die weitere Entwicklung der Physik unmöglich gewesen wäre. Hier soll jedoch nicht der geniale Physiker und Mathematiker im Vordergrund stehen, sondern der Alchemist, der Naturphilosoph und auch der Theologe und Ketzer Isaac Newton. Der Sohn eines wohlhabenden Gutsbesitzers studierte am Trinity College in Cambridge und erwarb 1665 den «Bachelor of Arts». Da die Universität wegen eines Pestausbruchs geschlossen wurde, setzte er seine Studien zu Hause in Lincolnshire fort und befasste sich ausgiebig mit den Schriften von René Descartes, insbesondere dessen «Discours de la méthode» (1637). Die dazu nötigen Mathematikkenntnisse erwarb sich Newton autodidaktisch während der Lektüre des «Discours» und entwickelte daraus die Integral- und Differentialrechnung, allerdings ohne seine Ergebnisse zu publizieren, was viel später zu einer ebenso unerfreulichen wie ergebnislosen Prioritätskontroverse mit Leibniz führte. Neben den Werken von Descartes las er auch die Schriften Pierre Gassendis und Robert Boyles, mit dem ihn im Laufe der Zeit eine enge Freundschaft verbinden sollte.

1667 kehrte er nach Cambridge zurück, erwarb den Grad eines Master of Arts und trat 1669 die Nachfolge seines verehrten Lehrers Isaac Barrow (1630–1677) als Professor für Mathematik auf dem «Lucasian Chair» an. Den Höhepunkt seiner Cambridger Zeit bildete die Ausarbeitung der neue Dimensionen eröffnenden Himmelsmechanik, dargelegt in den wahrhaft epochalen «Philosophiae Naturalis Principia Mathematica», die Newton 1687 auf Drängen des Mathematikers und

Astronomen Edmond Halley (1656–1742) widerstrebend publizierte. Danach zog sich Newton, auch infolge einer Nervenkrise, vom akademischen Leben zurück und wurde Oberaufseher (1695) und Leiter (1699) der königlichen Münze in London. 1703 wurde er Präsident der Royal Society und 1705 in den Adelsstand erhoben. 1704 erschien als letztes großes Werk die Monografie «Opticks or a Treatise of the Reflections, Refractions, Inflections and Colours of Light». Nach seinem Tod 1727 wurde Isaac Newton in der Westminster Abbey beigesetzt.

Wenden wir uns nun, nach diesem kurzen und notwendigerweise sehr fragmentarischem Überblick, etwas eingehender den intensiven alchemischen Studien zu, die Newton zeitlebens betrieb. Mit 27 Jahren erwarb er erste alchemische Werke, darunter das sechsbändige Sammelwerk «Theatrum Chemicum, praecipuos selectorum auctorum Tractatus de Chemiae et Lapidis Philosophici» (1659–1661) und Laborgerätschaften. Die ursprünglich auch von ihm verfochtene Idee eines *Äthers* als vermittelndes Medium zwischen den Materieteilchen verließ er zugunsten der Entwicklung eines Kraftkonzeptes der Anziehung und Abstoßung zwischen Partikeln im Vakuum. Die in der Lehre der Alchemie maßgebenden, in der Natur wirksamen *Prinzipien* (Sal, Sulphur und Mercurius) schienen Newton besser zum christlichen Gottesverständnis zu passen als die bewegten Korpuskeln der mechanistischen Philosophen. (Boyle betrachtete diesen Punkt gerade entgegengesetzt.) Die alchemischen Wirkungsprinzipien formte Newton zu anziehenden bzw. abstoßenden Kräften um, die wiederum die Grundlage der Gravitationsgesetze bildeten. Hier kam es also zu einer regelrechten Verschmelzung uns heute völlig disparat erscheinender Naturmodelle. Ein verwandtes Konzept findet sich übrigens auch bei Michael Sendivogius, mit dessen Schriften sich Newton ausgiebig beschäftigte, und das Gegensatzpaar von anziehenden und abstoßenden Kräften liegt den grundlegenden naturmagischen Kategorien der *Sympathie* und *Antipathie* zugrunde. Das beachtliche Ausmaß Newtons alchemisch-okkultischer Forschungen wurde lange Zeit verschwiegen, nicht zuletzt, weil spätere Biografen der Auffassung waren, das Ansehen des Genies werde sonst beschädigt. Erst in den letzten Jahrzehnten wurde das wahre Bild dieses überragenden Geistes freigelegt. Nur wenige Freunde, darunter der Philosoph John Locke (1634–1704) und Robert Boyle, kannten seine alchemischen Neigungen. Newton glaubte an einen lebensspendenden «Geist», verstanden als einen Teil der Trias Körper–Seele–Geist *(corpus, anima, spiritus)*, der den Wachstums- und Reifeprozess der Materie in Gang setzt und kontrolliert.

Newton glaubte, dass der Schlüssel zur Erkenntnis der wahren Beschaffenheit der Materie und des inneren Gefüges der Natur in antiken Texten zu finden sei. Robert Boyles Methode hingegen bestand in unabhängiger Reflexion und im Experimentieren. Newton betrachtete die Alchemie und auch die Schöpfungslehre eher als ein philologisches oder exegetisches Problem, Boyle als ein naturwissenschaftliches. Folgerichtig legte Newton eine bedeutende Sammlung alchemischer Werke an und studierte mit besonderem Eifer die Schriften des «Corpus Hermeticum». Er glaubte an die in diesen Texten verborgene *prisca sapientia*, jene uranfängliche Weisheit und Erkenntnistiefe der Menschen einer mythischen Frühzeit. Von Isaac Casaubons Datierung der hermetischen Schriften in die ersten nachchristlichen Jahrhunderte ließ er sich offenbar nicht irritieren.

Boyle und Newton verbanden in ihrem Denken die Alchemie, die Naturmagie allgemein und die christliche Schöpfungslehre mit Fragen wie der korpuskularen Beschaffenheit der Materie und deren rein chemisch-physikalische Eigenschaften. Für sie war die Welt ein Ganzes, nicht aufgeteilt in rationale und spirituelle Bereiche. Wo wir unvereinbare Vorstellungen und völlig getrennte Bereiche des Denkens erblicken, sahen Boyle und Newton (und mit ihnen viele andere, mehr oder weniger unbekannte frühe Naturforscher) nur zwei Seiten derselben Medaille.

6. Freiheit, Gleichheit, Brüderlichkeit –
Die Entstehung der bürgerlichen Gesellschaft und der modernen Chemie

Vielleicht war der 8. Mai 1794 ein schöner Frühlingstag. Für die Geschichte der Wissenschaften war es – unabhängig vom Wetter – ein düsterer Tag. Zusammen mit 27 weiteren Direktoren der «Ferme générale» verlor der Bürger L. in Paris seinen Kopf unter der Guillotine. Die «Ferme générale» war ein in der Bevölkerung verhasstes Steuerpächtersystem des Ancien Régime, das 1790 abgeschafft worden war. Der Bürger L. wiederum war nicht nur ein reicher Steuerpächter, sondern auch der Begründer der modernen Chemie: Antoine Laurent de Lavoisier.

Den Verlauf der Französischen Revolution von 1789, den sich anschließenden Terror, den Aufstieg Napoleons und die daraus folgenden welthistorischen Ereignisse wollen wir hier nicht weiter erörtern. Wir werden aber sehen, dass die Umstände, die zur Hinrichtung des Bürgers L. geführt hatten, über die politische Sphäre hinaus auch gravierende Änderungen im Wissenschaftsverständnis mit sich brachten. Auch diese kündigten sich schon lange vorher an und brauchten Jahrzehnte, um sich endgültig zu formieren, letztlich aber bedeuteten sie das Ende der neuzeitlichen Alchemie. Was danach blieb und bis heute besteht, ist die Alchemie als Spielfeld esoterischer Spekulationen, die die Lebenswelt der meisten Menschen nicht mehr berühren. Im 18. Jahrhundert entwickelten sich infolge der Aufklärung nicht nur im politischen und sozialen Bereich neue Konzepte, ein geändertes Denken machte sich, nach Boyle und Newton, zunehmend auch in der Alchemie bemerkbar. Das rationale Denken trat allerdings keinen stetig verlaufenden Siegeszug an, der geradewegs zur chemischen Großindustrie und der modernen Biochemie führte, sondern folgte – wie stets in der Geschichte – komplizierten und verschlungenen Wegen, denen wir ein wenig nachspüren werden.

Der Feuerstoff – Georg Ernst Stahl und das Phlogiston

Die Grundlegung der modernen Chemie erfolgte in mehreren Etappen. Es ging zunächst darum, eine neue Sichtweise hinsichtlich des Forschungszieles zu entwickeln. Nicht die Suche nach dem Stein der Weisen durfte im Mittelpunkt stehen, ebenso wenig das Streben nach innerer Vervollkommnung durch die Verbindung von Arbeit, Selbstreflexion und mystisch-intuitivem Verständnis rätselvoller Texte und Bilder. Stattdessen sollte die Erforschung der stoffumwandelnden Prozesse selbst in den Blickpunkt rücken. Aus philosophiegeschichtlicher Sicht bedeutet dies, dass die Denkprinzipien der Aufklärung auf die Alchemie angewandt wurden und deren epistemologischen Charakter veränderten. Es musste quasi eine Transmutation der Alchemie selbst stattfinden, ehe die Chemie entstehen konnte. Diese Entwicklung erfolgte, das sei nochmals betont, parallel zur Entstehung mythischer Orden, geheimer Gesellschaften und utopischer Gesellschaftsentwürfe.

Weiter oben haben wir in Andreas Libavius bereits einen Alchemisten kennengelernt, der schon vor der Aufklärung den praktisch-technischen Aspekt der Alchemie betont hatte. Einen Nachfolger fand er in Johann Rudolph Glauber (1604–1670), der mit Recht sowohl als Alchemist wie als Chemiker bezeichnet werden kann oder auch als «Chymist», wie in der neueren Forschung zunehmend üblich. Glauber konzentrierte sich vornehmlich auf die Verbesserung von Laborgeräten wie Öfen und Destilliervorrichtungen («Furni novi philosophici oder Beschreibung einer neu erfundenen Destillierkunst», Amsterdam 1652) sowie auf Fragen der Metallurgie oder verbesserter Vorschriften zur Darstellung von Säuren und Salzen (man denke an das noch heute bekannte «Glaubersalz»).

Von größerer Bedeutung für die Entwicklung hin zur modernen Chemie war allerdings Johann Joachim Becher. Interessanterweise sah auch Becher in der Alchemie einen maßgeblichen Weg zur Verbesserung der Welt und der Menschheit, nachdem der Dreißigjährige Krieg den Hoffnungen, die etwa in den Rosenkreuzer-Manifesten aufleuchten, einen herben Dämpfer versetzt hatte. Allerdings beschritt Becher einen ganz anderen Weg als die Rosenkreuzer bzw. deren spätere Nachfolger. Er wollte unter Verzicht auf die Suche nach geheimem Adeptenwissen konkrete Verbesserungen bewirken und stellte zu diesem Zweck eine Verbindung zwischen der Alchemie und dem damals gültigen Wirtschaftsmodell des Merkantilismus her. Chemisch-technische Verfahren und Betriebe, bis hin zur Goldgewinnung aus Meersand, sollten das Wohl der Bevölkerung heben – zum ersten Mal werden Alchemie und Sozial- bzw. Wirtschaftspolitik miteinander verbunden.

Becher kam 1635 in Speyer zur Welt, erlebte also noch als Kind die Endphase des Dreißigjährigen Krieges mit. Sein Vater, ein protestantischer Pastor, starb, als Becher acht Jahre war. Ein Schulbesuch war ihm, der nun für die Versorgung seiner drei jüngeren Brüder mit verantwortlich war, nicht möglich, und so blieb ihm nur der Weg der Autodidaktik. Mit 13 Jahren begann er – ähnlich Paracelsus – eine längere Wanderschaft, die ihn durch Deutschland, Holland und Italien führte. Er – selbst ein Anhänger von Paracelsus – ließ sich 1657 in Mainz nieder, wo er bald eine gut gehende Praxis als Chemiater führte. Seine Approbation und den Doktortitel erhielt er erst 1661. 1663 wurde er sogar Professor der Medizin an der Universität Mainz und zudem Leibarzt des Kurfürsten und Erzbischofs von Mainz, Anselm Franz Echter von Mespelbrunn (1634–1695).

Die Karriere Bechers nahm weiterhin einen erfolgreichen Verlauf: Nach einer recht vorteilhaften Heirat wurde er 1664 Hofmedicus und Mathematicus von Kurfürst Ferdinand Maria von Bayern (1636–1679), zwei Jahre später «Commercienrat», das heißt Wirtschaftsberater von Kaiser Leopold I. (1640–1705) in Wien. Er schrieb einflussreiche Bücher (z.B. die «Physica subterranea», 1669) und machte zahlreiche Vorschläge zur Förderung der Wirtschaft. 1677 fiel Becher in Ungnade, als seine Maßnahmen zum Schutz der süddeutschen Märkte vor französischen Erzeugnissen nichts fruchteten. Der Weg vom Günstling zum Missgünstling war damals kurz und konnte schnell ins Gefängnis führen, wie Becher leidvoll erfahren musste. 1678 verließ er nach kurzer Haft Wien und das Reich und gelangte nach Holland, wo er mit dem Projekt Aufsehen erregte, aus Meersand Gold zu extrahieren. Ein Probeversuch gelang 1679 recht gut (was uns nach der Lektüre des vorletzten Kapitels nicht mehr überrascht), allerdings verschwand Becher ohne Vorankündigung und ohne seine Familie, als kurz danach ein Großversuch stattfinden sollte. 1680 in England eingetroffen, konnte er dort nicht mehr Fuß fassen. Die Royal Society lehnte sein Aufnahmegesuch ab, und im Herbst 1682 verstarb Johann Joachim Becher in London, verarmt und kaum beachtet. Immerhin hatte er kurz vor seinem Tod noch eine umfangreiche Rezeptsammlung mit dem bemerkenswerten Titel «Chymischer Glückshafen» fertiggestellt, in dem 1500 (al)chemische Vorschriften zur Herstellung einer Vielzahl von Stoffen zusammengestellt sind, von denen viele durchaus brauchbar sind.

Becher ist für uns aber nicht wegen seiner Vorschläge zur Ankurbelung der Wirtschaft oder seiner chemisch-technischen Anleitungen interessant, sondern wegen einiger neuer Ideen zur Beschaffenheit der Materie. Er bezweifelte die Existenz der aristotelischen Elemente ebenso wie jene der drei Prinzipien. Er maß seinerseits besonders der Erde eine entscheidende Bedeutung bei und unterteilte sie in drei unterschiedliche Grundsubstanzen, nämlich die *terra vitrescibile* (verglasbare Erde), die für die Materialität eines Körpers zuständig sein sollte, die *terra fluida* (flüssige Erde), verantwortlich für Form, Gewicht und Geruch, und die *terra pinguis* (fette Erde), die die Farbe und Brennbarkeit eines Stoffes bestimmt. Im Kern ist das eigentlich nichts Neues, lediglich eine Modifikation der Prinzipienlehre des Paracelsus, auch der Materiebegriff als solcher, mit einem Prinzip der Substanzhaftigkeit *(terra vitriscibile)* und einem formenden Prinzip *(terra fluida)* entspricht der klassischen Theorie. Dies gilt auch für das Prinzip der Brennbarkeit *(terra pinguis)*, das mehr oder weniger dem Sulphur entspricht. Allenfalls neu sind die Bedeutung, die Becher der fetten Erde einräumt, und der

Umstand, dass er sie nicht nur als abstraktes Prinzip, sondern als realen Stoff ansieht, der in allen brennbaren Körpern enthalten sein müsse. (Man beachte, dass die paracelsischen Prinzipien immer alle zusammen in jedem Körper enthalten sind.) Hierdurch wird erstmals eine allgemeine Eigenschaft wie die Brennbarkeit mit einer grundsätzlich isolierbaren Substanz in Beziehung gebracht und gleichzeitig konstatiert, dass eine Verbrennung mit einem Zerfall des brennenden Körpers verbunden ist, der dabei die fette Erde verliert (und praktisch immer auch seine Farbe ändert). Becher benutzte für diese Substanz nicht nur den Namen *terra pinguis,* er sprach auch von φλογιστόσ *(phlogistos),* ein Ausdruck, der auch bei Boyle erscheint und den schon Aristoteles verwendet hatte. Aus *phlogistos* wurde *Phlogiston,* was in etwa so viel heißt wie «das Verbrennliche». Dieses Phlogiston wurde zum Kennzeichen der ersten nichtalchemischen Theorie der Stoffumsetzung, der Phlogistontheorie.

Entwickelt wurde diese Verbrennungslehre von dem Arzt, Chemiater und Naturphilosophen Georg Ernst Stahl. Er kam 1660 in Ansbach zur Welt, studierte in Jena Medizin, erhielt 1683 den Doktorhut und wurde praktischer Arzt. 1687 zum Hofmedicus des Herzogs von Weimar ernannt, lehrte er von 1694 bis 1715 Medizin an der Universität Halle. Anschließend wurde er Leibarzt des ersten preußischen Königs Friedrich Wilhelm I. (1657–1713, zunächst Kurfürst Friedrich Wilhelm III. von Brandenburg, seit 1701 König in Preußen). 1734 verstarb er als hochangesehener Arzt und Gelehrter in Berlin.

Die Phlogistontheorie war eigentlich ein Nebenprodukt von Stahls Versuch, ein eigenes naturphilosophisches System zu konzipieren, das seine vitalistische Weltsicht beschrieb. Stahl glaubte an eine den lebenden Organismen innewohnende besondere Kraft, die *vis vitalis* (Lebenskraft), und unterschied streng zwischen der unbelebten und der belebten Materie. Dieser Ansatz grenzte ihn von den Alchemisten ab, die von einer grundsätzlichen Einheit aller Materie ausgingen und die Belebtheit auch anorganischer Körper zumindest nicht ausschlossen (man denke an das Wachstum der Metalle in der Erde). Die Materie als solche war für Stahl leblos; in bestimmten Fällen verband sich diese jedoch mit einer gewissen Kraft, die Stahl als *anima* bezeichnete, was man wohl als Anleihe bei der paracelsischen Prinzipienlehre sehen kann. Diese Kraft erzeugte nicht nur die für lebendige Wesen typischen ständigen Veränderungen wie Wachstum oder Schrumpfung, Aufnahme und Ausscheidung von Stoffen, sie war auch verantwortlich für eine bestimmte Zweckgerichtetheit dieser Veränderungen. Unbelebte Materie unterliegt nach Stahl allein den Gesetzen der Mechanik, belebte Materie wird partiell nach mechanischen Gesetzen bestimmt, ist zudem aber von der Einwirkung der Lebenskraft abhängig. Sobald im Tod die Anima zu wirken aufhört, treten Fäulnis und Zerfall ein. Das Gegenteil von Fäulnis ist dagegen die Gärung, die ein herausragender Ausdruck der Wirksamkeit der Lebenskraft und ein integraler Bestandteil der sich umschaffenden lebenden Materie ist. Die strikte Trennung der belebten und der unbelebten Materie und die Annahme einer Lebenskraft warf allerdings die Frage auf, auf welche Weise eine immaterielle Kraft auf die Materie einwirken könne. Stahl versuchte dieses Problem zu lösen, indem er die Bewegung – als konkreten Ausdruck der Kraftwirkung – zu einer Eigenschaft der Anima erklärte. Dies stand in deutlichem Kontrast zu den «Mechanisten» im Gefolge von Descartes, die die Bewegung als das kennzeichnende Merkmal der Materie schlechthin ansahen. Das Problem, was Materie und was Kraft eigentlich sind und wie sie einander beeinflussen, war damit zwar nicht wirklich geklärt, aber Stahl betrachtete die Frage als gelöst. In seiner 1707/08 erschienenen «Theoria medica vera» wandte er sein vitalistisches Modell auf die Medizin an und formulierte dabei ein dem mechanistischen Konzept, wonach dieselben Gesetze für alle Arten von Materie gelten, entgegengesetztes Denkgebäude. Diese uns als *Vitalismus* bekannte Doktrin beeinflusste die Medizin des 18. und 19. Jahrhunderts nachhaltig und wirkte sich auch auf die Romantische Naturphilosophie Schellings aus. Der Vitalismus, zu dessen Begründern neben Stahl auch Johann Baptist van Helmont (1577–1644) zählt, stellt das Gegenmodell zum mechanistischen Denken Newtons dar.

Wie gelangte Stahl vom Vitalismus zur Phlogistontheorie? Er

betrachtete die Brennbarkeit bzw. den Vorgang der Verbrennung als eine Eigenschaft der Materie (auch dies eine Abkehr von der eigenschaftslosen Materie der Alchemisten), nicht als eine Wirkung der Lebenskraft, schließlich waren ja auch anorganische Stoffe brennbar. Zur Erklärung des chemischen Verhaltens von Stoffen bezog sich Stahl ausdrücklich auf die von Becher entwickelte modifizierte Prinzipienlehre und besonders auf die *terra pinguis*, für die er den auch schon bei Becher vorkommenden Namen Phlogiston verwendete, weshalb man seit Stahl von «Phlogistontheorie» spricht. Hatte Becher seine Idee eines allgemeinen «Brennstoffs» lediglich theoretisch begründet (übrigens nicht widerspruchsfrei, da er einerseits die Verbrennung als eine Zersetzung ansah, die Gewichtszunahme bei der Verbrennung von Metallen aber auf eine Anlagerung von Feuerpartikeln zurückführte), lieferte Stahl experimentelle Belege für die Wirkung des Phlogistons: Beim Zusammenschmelzen von Schwefel mit Pottasche (Kaliumcarbonat, K_2CO_3) an der Luft erhielt er Schwefelleber, das heißt ein Gemisch aus Kaliumpolysulfiden (K_2S_n), Kaliumthiosulfat ($K_2S_2O_3$) und Kaliumsulfat (K_2SO_4). Kaliumsulfat war unter dem Namen «vitriolisierter Weinstein» als Reaktionsprodukt der Umsetzung von Pottasche mit Schwefelsäure (H_2SO_4) bekannt. Beim Erhitzen mit Holzkohle bildete sich aus dem vitriolisierten Weinstein ebenfalls Schwefelleber. Nach Stahls Meinung verlor der leicht brennbare, weil phlogistonreiche Schwefel beim Erhitzen mit Pottasche sein Phlogiston, wobei mehr oder weniger unbrennbare Substanzen, insbesondere besagter vitriolisierter Weinstein, zurückblieben. Das Phlogiston wurde dabei von der Luft aufgenommen. Beim Erhitzen des Kaliumsulfats mit phlogistonreicher Holzkohle gab diese ihr Phlogiston an jenes ab, und man erhielt ebenfalls Schwefelleber. Dieses ganze Experiment ist nach modernen Begriffen kaum aussagekräftig, da die ablaufenden Reaktionen unspezifisch sind und zu einem üblen Gemisch unterschiedlicher Produkte führen. Stahl hingegen konstatierte, dass beide Reaktionen zu ähnlichen oder gleichen Produkten führen, und schloss daraus, der Schwefel sei aus Schwefelsäure und Phlogiston zusammengesetzt. Nicht der

Schwefel war demnach ein «einfacher» Körper, sondern die Schwefelsäure, denn diese bildete sich, wenn man dem Schwefel durch Verbrennen sein Phlogiston entzog. Zwar war die Schwefelsäure selbst nicht so einfach wieder mit Holzkohle (also Phlogistonzufuhr) zu Schwefel umzuwandeln, immerhin aber gelang dies – allerdings mehr schlecht als recht – mit ihren Salzen. Und besser als mit Schwefel und Schwefelsäure ließ sich diese wechselseitige Umwandlung – modern ausgedrückt, die Redoxreaktion – mit Metallen bzw. deren Oxiden (die damals noch «Kalke» hießen) durchführen. So verliert etwa Eisenpulver beim Verbrennen sein Phlogiston und wird zu Rost oder Eisenhammerschlag, der sich durch Phlogistonzufuhr mittels Holzkohle wiederum in Eisen zurückverwandelte. Mit der Phlogistontheorie tritt die Geschichte der Chemie aus ihrer alchemischen Periode heraus, und der Übergang zur naturwissenschaftlichen Chemie beginnt.

Es kommt, historisch betrachtet, nicht darauf an, dass die Phlogistontheorie falsch ist. Was sie wichtig und bedeutend macht, ist die Tatsache, dass es sich dabei um ein völlig neuartiges Grundkonzept handelt. Erstmals wird eine Theorie chemischer Reaktionen nicht mehr als Mittel zur Beschreibung eines Weges zu einem bestimmten Ziel außerhalb der bekannten Körperwelt entworfen, sondern als allgemeines Modell einer chemischen Grundreaktion, die sich in tausendfältiger Form konkretisiert. Stahl entwickelte keine Theorie zur Erreichung eines hypothetischen Zieles wie des Steins der Weisen, er beschrieb einen sehr gut beobachtbaren, alltäglichen Vorgang mit dem einzigen Ziel, ihn zu verstehen. Damit wird die Alchemie zur Chemie – sie dient nicht mehr einem außerhalb ihrer selbst liegenden Zweck, sondern nur sich selbst. Der Chemiker forscht nicht, um Eisen in Gold zu verwandeln, sich auf dem Weg dahin innerlich zu verändern und näher zu Gott und zu sich selbst zu gelangen; er forscht, weil er eine bestimmte Frage klären will – nicht mehr und nicht weniger. Anders gesagt: Die Alchemie ist Metaphysik, verbindet konkrete Naturforschung mit einem über die Natur hinausweisenden transzendenten Sinnbezug, die Chemie ist selbstreferenziell. Ideengeschichtlich betrachtet, beginnt die Chemie mit der Phlogistontheorie. Deshalb spricht man auch davon, dass die *moderne* Chemie mit Lavoisier beginnt, denn die Chemie Stahls war eben noch vormodern. Sie stellt eine Übergangsstufe zwischen Alchemie und moderner Chemie dar. Man sollte sich dabei stets bewusst sein, dass diese Übergangsstufe, wenn auch faktisch noch unzulänglich, der entscheidende Schritt hin zur Moderne war, die ohne diesen Zwischenschritt nicht denkbar ist. Der geistige Sprung von der Alchemie des Paracelsus zur Chemie Lavoisiers wäre viel zu weit gewesen, um gelingen zu können.

«Eminent atembare Luft» – Die Entdeckung des Sauerstoffs und die Grundlegung der modernen Chemie

Damit die moderne Chemie sich entwickeln konnte, musste erst einmal der Sauerstoff entdeckt werden. Wohl kein anderer der heute als chemische Elemente bezeichneten Stoffe hat eine so interessante und facettenreiche Entdeckungsgeschichte wie dieses Gas. Um überhaupt ein einzelnes Gas entdecken zu können, muss man von der Vorstellung Abschied nehmen, dass Luft ein einheitlicher Körper, sogar ein alchemisches «Element» ist. Ein solches Umdenken ist nicht einfach und lässt sich mit der Durchsetzung des heliozentrischen Weltbildes oder auch mit der Vorstellung der Relativität von Zeit und Raum (die den meisten Menschen, den Autor dieses Buches eingeschlossen, nach wie vor Schwierigkeiten bereitet) durchaus vergleichen. Zwar kannte man einzelne Gase, etwa das beim Bierbrauen entstehende Kohlendioxid oder das aus Vulkanfumarolen entweichende Schwefeldioxid de facto schon sehr lange, war sich aber über ihre Natur als distinkte Stoffe keineswegs im Klaren. Der Begriff «Gas» leitet sich von «Chaos» ab und wurde von Johann Baptist van Helmont geprägt, der zwischen der Luft und diversen Formen von Dampf unterschied. Dampf war eine Mischung aus Luft und feinen Partikeln an sich fester oder flüssiger Stoffe und wurde dem Element Wasser zugerechnet. Helmont war es auch, der das Kohlendioxid, das *gas sylvestris*, als eine besondere Form von Dampf erkannte. Eine weitergehende Untersuchung scheiterte aber daran, dass es Helmont offenbar nicht gelang, das Gas effizient aufzufangen – eigentlich erstaunlich, bedenkt man, dass CO_2 schwerer als Luft ist und sich ganz von selbst in Senken, Kellern oder Gefäßen sammelt. Jedenfalls kam Helmont nicht nennenswert voran, und sein «Gas» geriet wieder in Vergessenheit, ein typisches Beispiel für eine von der Zeit ermöglichte, von ihr jedoch nicht aufgenommene Entdeckung.

Hier kommt nun Stephen Hales (1677–1761) ins Spiel, der mit der «Pneumatischen Wanne» zum wahren Begründer der Gaschemie wurde, kurioserweise ohne selbst irgendein Gas zu entdecken. Hales war Pfarrer in dem kleinen Ort Teddington in Middlesex (England); er interessierte sich intensiv für die Vorgänge beim Wachstum von Pflanzen und erkannte, dass Pflanzen ohne Zufuhr von Luft aufhören zu wachsen. Um herauszufinden, weshalb das so ist, erhitzte er diverse organische Stoffe (u. a. Horn, Blasensteine, Pyrit, Salpeter, Weinstein, Zucker und Pflanzenteile) in einer eisernen Retorte, deren Hals mit einem gebogenen Bleirohr verbunden war, das in einen Glaszylinder mündete, der mit Wasser gefüllt war und umgekehrt (mit der Öffnung nach unten) in einer ebenfalls mit Wasser gefüllten flachen Wanne stand. Das bei der Pyrolyse entstehende Gemisch aus Luft und Gasen verdrängte allmählich das Wasser aus dem Zylinder und konnte so separat aufgefangen werden. Hales wollte damit gar nicht so sehr einen Apparat zur Isolierung bestimmter Gase schaffen, vielmehr sollte das Wasser die Gase von irgendwelchen Verunreinigungen befreien. Er gelangte zwar bei seinen eigenen Experimenten nicht zu klaren Ergebnissen, untersuchte auch die aufgefangenen Gase chemisch nicht weiter, schuf aber mit seiner Methode die Voraussetzung zur systematischen Erforschung gasförmiger Körper. 1755 entdeckte Joseph Black das Kohlendioxid, 1766 Henry Cavendish den Wasserstoff, und 1772 unterschied Daniel Rutherford, ein Schüler Blacks, erstmals zwischen Stickstoff und Kohlendioxid, weshalb ihm die Entdeckung des Stickstoffs zugeschrieben wird, obwohl bereits John Mayow 1669 erkannt hatte, dass die Luft aus einem die Verbrennung unterhaltenden und einem erstickenden Anteil bestand.

Die Entdeckung des Wasserstoffs gab der Phlogistontheorie neuen Auftrieb, weil man das sehr leichte und außerordentlich diffusionsfähige Gas als mehr oder minder reines Phlogiston betrachtete. Was noch fehlte, war die Entdeckung des Sauerstoffs, und diese ist verbunden mit den Namen Joseph Priestley und Carl Wilhelm Scheele.

Joseph Priestley, der Forscher und Feuerkopf

Joseph Priestley wurde am 13. März 1733 in der kleinen Gemeinde Birstal Fieldhead in Yorkshire als Sohn eines Tuchmachers geboren. Mit sechs Jahren verlor er seine Mutter und wurde von einer Tante erzogen. 1752–1755 besuchte er die Dissenter-Akademie in Daventry (Dissenters wurden protestantische Abspaltungen von der anglikanischen Kirche genannt, die sich gegen jede hierarchische Struktur der Kirche wandten). Dort erlernte er mehrere alte und neue Sprachen und befasste sich mit Theologie, Philosophie, Logik, Metaphysik und Physik. Priestley fühlte in sich die Berufung zum Geistlichen und übernahm nach seinem Weggang von Daventry Predigerstellen in Needham Market und Nantwich und leitete seit 1761 die neu gegründete Dissenter-Akademie in Warrington. Neben pädagogischen Abhandlungen schrieb Priestley auch eine englische Grammatik, wofür ihm die Universität Edinburgh 1764 den Doktortitel verlieh. Zwei Jahre später wurde er zum Mitglied der Royal Society gewählt. Seine «History of Electricity» (1767) und die «History of Optics» (1772) machten ihn über die Grenzen Englands hinaus bekannt.

1762 heiratete Priestley Mary Wilkinson aus der Familie der Eisenschmiede Wilkinson, die bis heute als Hersteller von Messern und Rasierklingen bekannt ist. 1767 begann er mit der Untersuchung unterschiedlicher Luftarten, zunächst des Kohlendioxids, das im Gärkeller einer örtlichen Brauerei reichlich zur Verfügung stand. Er stellte die leichte Wasserlöslichkeit des Gases fest und bemerkte, dass das Wasser dadurch einen angenehm säuerlichen Geschmack erhielt, was ihn auf den Gedanken brachte, diese Mischung als künstliches Mineralwasser (er nannte es «aerated water») zu nutzen. Die Idee, Wasser mit Kohlensäure zu versetzen, hat sich bekanntlich weltweit durchgesetzt, brachte ihrem Erfinder jedoch keinen Reichtum, immerhin aber die angesehene Copley-Medaille der Royal Society.

Priestley vertrat religiös wie politisch radikale Positionen und bekannte sich öffentlich als Anhänger der Französischen Revolution. Diese Haltung brachte ihm Unwillen und sogar Hass quer durch alle Gesellschaftsschichten ein. Am 14. Juli 1791, dem zweiten Jahrestag des Sturms auf die Bastille, gedachte er mit einigen Gesinnungsgenossen der neu entstandenen «Constitutional Society» im Rahmen eines Festessens die Revolution zu feiern, als eine wütende Menschenmenge in das Lokal eindrang, in dem die Feier stattfinden sollte. Priestley war gewarnt worden und klug genug gewesen, sich versteckt zu halten. Das hinderte den Mob nicht daran, zu seinem Haus zu ziehen und es vollständig zu zerstören. Priestleys Labor und seine wertvolle Bibliothek gingen dabei zugrunde, er und die Seinen konnten nur das nackte Leben retten. Die Staatsgewalt zeigte erstaunliches Verständnis für diesen Akt des Vandalismus. König Georg III. erklärte rundheraus: «Ich kann nicht verhehlen, dass ich erfreut bin, dass Priestley der Leidtragende der Lehren wurde, die er und seine Partei verkündeten, und dass das Volk ihn und seine Freunde in ihrem wahren Licht sieht.» Die Reaktion in Frankreich war natürlich ganz anders. Priestley wurde mit Sokrates und Galilei verglichen, und man bot ihm an, nach Frankreich zu kommen, wo man ihm ein neues Labor einrichten werde. Zusammen mit Thomas Paine, William Wilberforce und George Washington wurde Priestley die französische Staatsbürgerschaft ehrenhalber verliehen. Dennoch nahm Priestley die Einladung nach Frankreich nicht an, sondern begab sich 1794 nach Amerika. Die ihm angebotene Professur an der Universität von Pennsylvania schlug er aus und ließ sich als Siedler in Northumberland nieder, wo er die letzten zehn Jahre seines Lebens zunehmend in Zurückgezogenheit verbrachte.

Priestley hatte sich schon länger mit der Untersuchung verschiedener Gase beschäftigt und dabei die Methode des Auffangens über Quecksilber erfunden, was ihm die Isolierung von

Ammoniak, Schwefeldioxid, Chlorwasserstoff oder Siliciumtetrafluorid gestattete. Am 1. August 1774 brachte Priestley eine Portion Quecksilberoxid in einer Phiole in den Brennpunkt einer Sammellinse von 12 Inch (30,5 cm) Durchmesser und fing das bei der Erhitzung des Oxids gebildete Gas auf. Er beobachtete, dass dasselbe sich nicht in Wasser löste, «aber was mich mehr erstaunte als ich sagen kann, war, dass eine Kerze darin mit einer bemerkenswert kräftigen Flamme brannte, ganz so wie in der nitrösen Luft [...] ich war ratlos, wie das zu verstehen sei». Mit der «nitrösen Luft» *(nitrous air)* war jene Luftart gemeint, die bei der thermischen Zersetzung von Salpeter gebildet wurde und bei der es sich ebenfalls um Sauerstoff handelte. Priestley erkannte zwar, dass die beiden Gase wohl identisch sein müssten, zog daraus aber den Schluss, dass beim Erhitzen des Quecksilberoxids dieses eine Art «Luftsalpeter» aufgenommen habe. Priestley hatte damit zwar den Sauerstoff als Substanz entdeckt, seine chemische Natur aber nicht verstanden. Er blieb bis zu seinem Tod ein Verfechter der Phlogistontheorie und zog es vor, das neue Gas nicht mit dem von Lavoisier gewählten Namen «Oxygine» zu bezeichnen, sondern nannte es «dephlogistisierte Luft» *(dephlogisticated air)*, also eine Luft, der das Phlogiston entzogen war und die die Verbrennung deshalb so lebhaft unterhielt, weil sie begierig Phlogiston aufnahm.

Carl Wilhelm Scheele, der stille Apotheker

Am 19. Dezember 1742 wurde Scheele in Stralsund, das damals zu Schweden gehörte, als siebtes Kind des Kaufmanns Joachim Christian Scheel(e) geboren. Schon sehr früh scheint ihn die Arzneimittellehre interessiert zu haben, und mit 15 Jahren kam er als Lehrling in die Apotheke «Zum Einhorn» in Göteborg, wo er in dem Apotheker Martin Bauch einen verständnisvollen Förderer fand. Er fühlte sich in der Apotheke so wohl, dass er nach Ende seiner Lehrzeit 1763 noch zwei weitere Jahre dort blieb. Danach war er in Apotheken in Malmö, Stockholm und Uppsala tätig. 1775 trat er, immer noch als Apothekergehilfe, in eine Apotheke in Köping ein, die er 1776 von seiner späteren

Lebensgefährtin Margareta Pohl kaufte; er heiratete sie wenige Tage vor seinem Tod am 21. Mai 1786. Nach Ablegen der Apothekerprüfung 1777 konnte er die Köpinger Apotheke auch offiziell führen. Obwohl Scheele nie eine Universität besucht hatte, wurde er 1775 in die schwedische Akademie der Wissenschaften aufgenommen, eine Ehre, die wohl keinem anderen Apotheker je widerfuhr. Scheele strebte trotz ehrenvoller Rufe auch niemals eine Hochschullaufbahn an. Akademische Ehren bedeuteten ihm offenbar wenig, er glaubte, in der Stille seine chemischen Untersuchungen am besten durchführen zu können.

1769 erschien die erste Arbeit Scheeles, in der er die Entdeckung der Weinsäure beschreibt. Später folgten die Isolierung und Beschreibung der Zitronen-, Milch- und Harnsäure sowie der Apfel- und der Gallussäure. Seine Arbeiten machten Scheele auch im Ausland bekannt, und Lavoisier schätzte ihn so sehr, dass er ihm kurz nach Erscheinen seiner «Opuscules physiques et chymiques» (Januar 1774) ein Exemplar des Buches sandte. In einem Brief an Lavoisier vom 30. September 1774 machte Scheele ausführliche Angaben zur Gewinnung von Sauerstoff aus Quecksilberoxid, Braunstein und Salpeter. Wann genau Scheele die entscheidenden Versuche zur Darstellung von Sauerstoff ausführte, lässt sich nicht datieren. Es ist aber bekannt, dass er seit 1771 mit Quecksilberoxid, Braunstein und Nitraten experimentiert hat, sodass er möglicherweise den Sauerstoff schon vor 1774 erstmals isoliert hat. Fest steht indes, dass Scheele und Priestley unabhängig voneinander den Sauerstoff entdeckten und dass beide sich nicht darüber im Klaren waren, welche Rolle dieser bei der Verbrennung spielt. Auch Scheele blieb nämlich zeitlebens ein Anhänger der Phlogistontheorie. Vielleicht die wichtigste Entdeckung Scheeles neben dem Sauerstoff war 1773 die des Elements Chlor bei der Umsetzung von Braunstein mit Salzsäure. Scheele interpretierte das Chlor als eine dephlogistisierte Salzsäure (der elementare Charakter des Chlors wurde erst 1810 von Humphrey Davy nachgewiesen).

Im Dezember 1775 stellte er seine «Chemische Abhandlung von der Luft und dem Feuer» im Manuskript fertig, der Druck verzögerte sich aber bis August 1777. Priestley war mit seiner

Publikation und mit seiner genau datierbaren ersten Darstellung des Sauerstoffs die Ehre des Ersten zuteilgeworden. Aber erst die Arbeiten Lavoisiers haben das Verständnis der chemischen Vorgänge bei der Oxidation ermöglicht und wiesen damit den Weg zur modernen Chemie.

Antoine Laurent de Lavoisier, der Revolutionär

Lavoisier entstammte einer Familie einfacher Herkunft. Der älteste bekannte Vorfahr war der Postkurier Antoine Lavoisier, der 1620 starb. Lavoisiers Großvater war Anwalt am Gericht von Villers-Cotterets, einer kleinen Stadt ca. 80 Kilometer nördlich von Paris. Dieser Großvater ehelichte die Tochter eines Notars, was zum gesellschaftlichen Aufstieg der Familie erheblich beitrug. Lavoisiers Vater, Jean-Antoine, erbte 1741 das Gut und die Position als Anwalt am Pariser Parlement, einer Art Gerichtshof, die sein Onkel innegehabt hatte. 1742 heiratete er Émilie Punctis, die Tochter eines wohlhabenden Advokaten am Gericht von Paris. Am 26. August 1743 kam deren Sohn, Antoine Laurent de Lavoisier, in Paris zur Welt.

Nach dem Tod von Lavoisiers Mutter 1748 übernahm seine Großmutter die weitere Erziehung. Er erhielt eine ausgezeichnete Schulbildung am Collège Mazarin, der damals besten Schule in Paris (u. a. unterrichtete hier Jean le Rond d'Alembert, der mit Denis Diderot die berühmte «Encyclopédie des sciences» schuf). Von 1761 bis 1763 studierte Lavoisier Jura, erhielt das Baccalaureat und 1764 das Lizenziat. Er hätte nun selbst Anwalt werden können, aber sein Interesse galt der Naturforschung, und die Vermögensverhältnisse seiner Familie erlaubten es ihm, diesen Neigungen nachzugehen. Beeinflusst haben ihn dabei der Astronom Nicolas de la Caille und insbesondere der mit der Familie Lavoisier befreundete Geologe Jean-Etienne Guettard, der Lavoisiers Augenmerk auf die Mineralogie und die Chemie lenkte. Vermutlich auf seine Empfehlung hin besuchte Lavoisier 1761/62 die Vorlesungen des Chemikers Guillaume Rouelle im Jardin du Roi, einer Art Forschungszentrum. 1765 trug er seine erste chemische Arbeit, die über Gips handelte, vor der französischen Akademie der Wissenschaften vor und wurde 1768 mit 25 Jahren Adjunkt der Akademie. Ebenfalls 1768 trat er der «Ferme générale» bei, einer privaten Steuereintreibergesellschaft, die für die Regierung direkte und indirekte Steuern u. a. auf Grundbesitz, Tabak und Salz erhob und bei der Bevölkerung äußerst unbeliebt war. Diese Mitgliedschaft sollte sich viele Jahre später als verhängnisvoll erweisen, denn sie trug wesentlich zur Verurteilung und Hinrichtung Lavoisiers bei.

1771 heiratete Lavoisier die 14-jährige Marie Anne Pierette Paulze (1758–1836), Tochter des Generalsteuerpächters Jacques Paulze. Sie wurde zur wichtigsten wissenschaftlichen Mitarbeiterin Lavoisiers. 1775 erhielt er die Ernennung zum Direktor der Königlichen Schießpulververwaltung und bezog eine Wohnung im Pariser Arsenal, wo er ein bestens ausgestattetes chemisches Labor einrichtete, zusammen mit Marie Anne experimentierte und wissenschaftliche Soireen veranstaltete. 1789 stand Lavoisier der Revolution keineswegs ablehnend gegenüber, betrachtete sie sogar als unerlässliche Wegbereiterin für die Bildung des Volkes, die er wiederum als Voraussetzung des gesellschaftlichen Fortschrittes ansah. Noch im Jahr der Revolution trat er dem «Club de 1789» bei, einer u. a. von Condorcet, Mirabeau und Talleyrand gegründeten politischen Gruppierung. Lavoisier gehörte als Vertreter des Dritten Standes auch dem Parlament der Provinz Orleans an, trat dort im Februar 1789 in einer Rede energisch für die Abschaffung der Taille (einer Grundsteuer) ein und forderte die Einführung einer Sozialversicherung. Wenn er dennoch 1791 seine Stellung bei der Pulverkommission einbüßte und schließlich im November 1793 inhaftiert und angeklagt wurde, so nicht aufgrund seiner konterrevolutionären Gesinnung, sondern wegen seiner Mitgliedschaft in der als Bollwerk der Unterdrückung verhassten Ferme und wegen eines kompromittierenden Briefes, der bei einer Hausdurchsuchung gefunden worden war. Der unbekannte Schreiber des an Madame de Lavoisier gerichteten Briefes drückte darin die Hoffnung aus, dass die Preußen bald einmarschieren mögen, um der Revolution ein Ende zu machen. Ob der Brief nicht ein Artefakt von Lavoisiers Feinden war, blieb ungeklärt, erscheint aber nicht unwahrscheinlich. Am 5. Mai 1794 wurde Lavoisier vor das Revolutionstribunal gebracht, am 8. Mai fiel sein Kopf unter der Guillotine. Zu den weiteren Exekutierten dieses Tages gehörte auch Lavoisiers Schwiegervater, Jacques Paulze. Seine Gattin verlor Vermögen und Besitz, die Regierung beschlagnahmte Lavoisiers Laborjournale und seine Laboreinrichtung. Dennoch vermochte seine Gattin, einen Teil seiner chemischen Schriften in den zweibändigen «Memoirs de Chimie» zusammenzufassen und 1805 zu publizieren.

Seine chemischen Untersuchungen begann Lavoisier mit einem Langzeitversuch, der die Frage klären sollte, ob sich Wasser bei längerem Erhitzen teilweise in «Erde» verwandelt, eine damals verbreitete Ansicht. Von Oktober 1768 bis Februar 1769 ließ er in einem streng abgedichteten Apparat eine genau gewogene Menge Wasser immer wieder verdampfen und kondensieren. Anschließend wog er das Wasser und die Apparatur. Er konnte zeigen, dass die im Wasser nach Versuchsende gefundenen festen Rückstände aus dem Glas des Destillationsgefäßes stammen, eine Umwandlung von Wasser in Erde also nicht stattgefunden habe. Damit war die uralte Lehre des Aristoteles von der Umwandelbarkeit der vier *Elemente* (Feuer, Erde, Wasser und Luft) ineinander zumindest angeschlagen. Lavoisier beschäftigte sich nun mit der Frage, in welchem Verhältnis Wasserdampf und Luft zueinander stehen. Man betrachtete Dämpfe als Suspensionen winziger flüssiger Partikel in dem einzigen «echten» permanent elastischen Körper, der Luft. Beim Verdampfen einer Flüssigkeit sollten sich ihre Teilchen mit denen des Elements Feuer verbinden. Insbesondere das Kohlendioxid, die «fixe Luft», zog Lavoisiers Aufmerksamkeit auf sich, nachdem Stephen Hales gezeigt hatte, dass diese Luftart sich in Pflanzen, Tieren und Mineralien (Kalk) fixieren (daher der Name «Fixe Luft») und auch wieder freisetzen ließ. Im Frühjahr 1772 erschien eine Arbeit von Louis Bernard Guyton de Morveau (1737–1816), worin dieser feststellte, dass brennbare Stoffe bei der Verbrennung schwerer werden. Aufgrund seiner Beschäftigung mit der «fixen Luft» vermutete Lavoisier, dass dabei ein Teil der Luft «fixiert» werden müsse. Der Gedanke, die Luft könnte bei der Verbrennung chemisch verändert werden, also mitreagieren, taucht hier zum ersten Mal auf.

Lavoisier begann im Frühherbst 1772 mit eigenen Versuchen und studierte die Verbrennung von Phosphor und Schwefel sowie die Reduktion von Bleioxid (Mennige) mit Holzkohle. Er fand, dass die Verbrennungsprodukte (Phosphorsäure und Schwefeldioxid) schwerer waren als der eingesetzte Phosphor und Schwefel und dass bei der Reduktion von Mennige zu Blei eine beträchtliche Menge «Luft» (Kohlendioxid) freigesetzt wurde. Im Frühherbst 1774 wurde Lavoisier Mitglied einer Kommission der Akademie, die sich mit Beobachtungen befassen sollte, die bei der Untersuchung von rotem Quecksilberoxid (HgO) gemacht worden waren. Pierre Bayen und Cadet de Gassicourt hatten beobachtet, dass sich dieser «Quecksilberkalk» beim Erhitzen wieder zu metallischem Quecksilber umwandelte, ohne dass ein Reduktionsmittel (das heißt in der damaligen Diktion: Phlogiston) hinzugefügt wurde. Im Oktober 1774 kam es in Paris zu einer Begegnung Lavoisiers mit Joseph Priestley, bei der dieser von seiner Darstellung des Sauerstoffs aus dem roten Quecksilberoxid berichtete. Natürlich hatten auch Bayen und Gassicourt Sauerstoff freigesetzt, sie hatten sich aber auf das Metall, nicht auf das Gas konzentriert.

Lavoisier war klar, dass beim Erhitzen des Quecksilberoxids ein Gas entweichen musste. Er dachte dabei aber zunächst an «fixe Luft». Zu Anfang des Jahres 1775 untersuchte Lavoisier das bei der Zersetzung frei werdende Gas und stellte fest, dass es, anders als «fixe Luft», weder Kalkwasser trübte noch die Verbrennung verhinderte, sondern diese im Gegenteil noch lebhafter gestaltete. Daraus zog er den Schluss, die neue Luftart sei «sogar noch reiner als die Luft, in der wir leben». Diese Resultate trug Lavoisier am 26. April 1775 in der Akademie vor. Als er sie 1778 in der Reihe der Akademieschriften publizierte, änderte er den Text ab, da inzwischen Priestleys «Experiments and Observations on Different Kinds of Air» (3 Bde., 1774–1777) erschienen waren, die ihn zusammen mit seinen eigenen Untersuchungen zu der Ansicht gebracht hatten, dass beim thermischen Zerfall des Quecksilberoxids eine «eminent atembare

Luft» frei werde. Dieser Teil der Luft verbindet sich mit Kohlenstoff zu «fixer Luft», was er schon 1777 nachgewiesen hatte. Da dieses Gas in Wasser gelöst Kohlensäure ergibt, bezeichnete Lavoisier die neue Luftart seit 1777 mit dem Namen «oxygine» (Sauerstoff, eigentlich «Säurestoff»), da er glaubte, dass dieser Stoff chemisch gebunden in allen Säuren enthalten sei. 1783 bewies Lavoisier die Zusammensetzung des Wassers aus Sauerstoff und Wasserstoff und entwickelte nunmehr seine umfassende Theorie der Oxidation und Säurebildung, die er in dem 1789 publizierten Werk «Traité élementaire de chimie» darlegte. Man datiert den Beginn der modernen Chemie mit diesem Werk, das im selben Jahr erschien, in dem auch die Revolution stattfand.

Lavoisier schuf nicht nur die Theorie der Oxidation und Reduktion als Basis der anorganischen Chemie, auch methodisch leistete er Grundlegendes. Erst durch ihn wurde die Chemie zu einer quantitativ arbeitenden Wissenschaft. Zwar war der Gebrauch mehr oder weniger genauer Waagen auch bei den Alchemisten schon lange üblich gewesen, aber erst jetzt begann man, die Gewichtsverhältnisse vor und nach einer chemischen Reaktion zu bestimmen – vorher hatte man einfach nur Stoffe abgewogen, wie bei einem Kochrezept. Erst mit dieser Neuerung waren die Voraussetzungen geschaffen, die zur Klärung der quantitativen Regeln chemischer Reaktionen, wie den Gesetzen der konstanten und multiplen Proportionen und zum Atomkonzept John Daltons (1766–1844; sein «New System of Chemical Philosophy» erschien 1808) führten. Allerdings blieb die Frage, ob es nicht nur in der Theorie, sondern auch in Wirklichkeit elementspezifische kleinste Teilchen, also Atome, geben könne, bis zum Jahr 1860 ungeklärt. Man hatte nämlich große Probleme damit, sich die Existenz zweier grundsätzlich verschiedener Typen von kleinsten Teilchen vorzustellen, die wir als Atome und Moleküle kennen. Diese Entwicklungen zählen aber nicht mehr zur Geschichte der Alchemie und sollen daher auch nicht weiter verfolgt werden. Anzumerken bleibt aber noch, dass sich die Anhänger der Phlogistonlehre keineswegs so ohne Weiteres geschlagen gaben. Es wurde schon gesagt, dass sowohl Priestley wie auch Scheele – wie auch viele andere, weniger bedeutende Köpfe – ungeachtet ihrer persönlichen Beziehung zu Lavoisier nicht bereit waren, die Sauerstofflehre anzunehmen. Für dieses Verhalten gab es inhaltlich-sachliche wie vor allem psychologische, sogar politische Gründe. (Stichwort: deutsche Phlogistonlehre gegen französische Sauerstofftheorie oder deutsche Biederkeit gegen französischen Umsturzgeist.) Aber auch das gehört nicht mehr zu unserer Geschichte.

7. Das Ende der Alchemie?

Die Revolution in Frankreich und die auf sie folgenden politischen, gesellschaftlichen und wirtschaftlichen Umwälzungen bewirkten einerseits enormes Wirtschaftswachstum und steigenden Wohlstand für einen Teil der Menschen, andererseits aber auch einen tiefgreifenden Identitätsverlust und die Verelendung breiter Schichten. Das «einfache Volk», der Dritte Stand der Revolution, wurde zur Verfügungsmasse der industriellen Produktion, bis auch ihm 1848 durch das «Kommunistische Manifest» von Marx und Engels eine politische Perspektive aufgezeigt wurde.

Wo bewegte sich in diesem kulturellen Umfeld die Alchemie? Die Verbindung zur Chemie war endgültig abgerissen, obwohl kurz nach Beginn des 19. Jahrhunderts noch ein beinahe mitleiderregender Versuch gemacht wurde, die Alchemie als «Höhere Chemie» wiederzubeleben. Die Suche nach spiritueller Geborgenheit, die in einer ökonomisch durchrationalisierten Welt als kulturelle Gegenbewegung zunehmend sichtbar wurde, verlief auch nicht in Richtung der «klassischen» Denkweise der Alchemie, sondern verlagerte sich auf das Feld der übersinnlichen Wahrnehmung. Mesmerismus, Spiritismus und «Parawissenschaften» wie Telekinese und Hellsehen kamen in Mode. Aber in der Dichtung spielte die Alchemie dafür eine umso wichtigere Rolle, und zwar in jenem Epos, das den Ruf der Deutschen, das «Volk der Dichter und Denker» zu sein, maßgeblich mitbegründete und darüber hinaus das Bild des skrupellos nach Erkenntnis (und Gewinn) strebenden Forschers bis heute prägt.

Dichtung und Wahrheit – Goethe, die Alchemie und der «Faust»

Kehren wir also nach unserem Blick auf die Anfangszeit der modernen Chemie zur Alchemie zurück. Wenn sie auch als Methode der ernsthaften Naturforschung spätestens seit dem ausgehenden 17. Jahrhundert kaum noch vertretbar war, bestand sie in Form geheimer Gesellschaften und als ein Weg metaphysischer Welterklärung und Sinnsuche unangefochten fort. Für die Literatur- und Geistesgeschichte insgesamt ist es von kaum zu überschätzender Bedeutung, dass sich um dieselbe Zeit, als der steile Aufstieg der Gold- und Rosenkreuzer einsetzte, ein damals noch unbekannter junger Mann infolge einer schweren Erkrankung und deren glücklicher Heilung intensiv mit paracelsistischer Alchemie befasste. Der junge Mann hieß Johann Wolfgang Goethe (das «von» kam erst 1782), und seine alchemischen Studien waren von maßgeblichem Einfluss auf sein dichterisches Hauptwerk, den «Faust», und zwar auf dessen beide Teile.

Nach eigenem Bekunden interessierte sich Goethe schon von Jugend an für Naturkunde, studierte aber, dem Wunsch des Vaters folgend, Jura an der Universität Leipzig. Juristische Vorlesungen hörte er nur selten, besuchte unter anderem die Vorlesungen des Physikers Johann Heinrich Winckler (1703–1770), die ihn anregten, eine – dann jedoch nicht funktionierende – Elektrisiermaschine nachzubauen, die er auf einem Markt in Frankfurt gesehen hatte. Nach drei Jahren kehrte er 1768 ohne Studienabschluss und schwer erkrankt (vermutlich an Tuberkulose) nach Frankfurt zurück. In dieser Situation entstand die enge Bindung und Seelenfreundschaft mit Susanna Katharina von Klettenberg (1723–1774), einer tief im Pietismus verwurzelten und sehr an der Alchemie interessierten Freundin des Hauses und entfernten Verwandten.

Klettenberg empfahl, die Behandlung Goethes in die Hände ihres Hausarztes, des ebenfalls pietistisch gesinnten Dr. Johann

Friedrich Metz (1720–1782), zu geben. Durch Metz war Susanna Katharina auf das Studium alchemischer Werke gebracht worden, und Metz war es auch, der Goethe zur Beschäftigung mit Alchemie anregte. Dies traf sich mit dessen bereits vorhandenem Interesse an Naturkunde und Medizin, das sicherlich durch seinen schlechten Gesundheitszustand noch gesteigert wurde. Er charakterisiert in «Dichtung und Wahrheit» Metz mit folgenden Worten:

Der Arzt, ein unerklärlicher, schlau blickender, freundlich sprechender, übrigens abstruser Mann, [...] erweiterte er seine Kundschaft durch die Gabe, einige geheimnisvolle selbstbereitete Arzneien im Hintergrunde zu zeigen, von denen niemand sprechen durfte, weil bei uns den Ärzten die eigene Dispensation streng verboten war. Mit gewissen Pulvern, die irgendein Digestiv sein mochten, tat er nicht so geheim; aber von jenem wichtigen Salze, das nur in den größten Gefahren angewendet werden durfte, war nur unter den Gläubigen die Rede, ob es gleich noch niemand gesehen oder die Wirkung davon gespürt hatte.

Zunächst einmal war Goethe jedenfalls durchaus gewillt, den Empfehlungen des Arztes und den Wünschen des Fräuleins zu folgen. Dieses «hatte schon insgeheim Wellings ‹Opus magocabbalisticum› studiert, obwohl sie jedoch [...] sich nach einem Freunde umsah, der ihr in diesem Wechsel von Licht und Finsternis Gesellschaft leistete. [...] Ich schaffte das Werk an, das [...] seinen Stammbaum in gerader Linie bis zur Neuplatonischen Schule verfolgen konnte.» Hermann Kopp bezeichnete Georg von Wellings (1652–1727) «Opus Mago-Cabbalisticum et Theosophicum. Darinnen der Ursprung, Natur, Eigenschafften und Gebrauch, des Saltzes, Schwefels und Mercurii in dreyen Theilen beschrieben [wird]», erschienen 1735, als ein «Irrlicht, dessen trügerischer Schein Vielen wirklich über Dunkles Licht zu verbreiten schien und welches einen beträchtlichen Einfluß auf die Geistesrichtung Vieler ausübte». Zu diesen vielen zählten auch das Fräulein von Klettenberg und der junge Goethe. Es zeigte sich allerdings, dass Wellings «Opus» mehr Fragen aufwarf, als es löste. In «Dichtung und Wahrheit» erinnerte sich Goethe mehr als vier Jahrzehnte später an die Lektüre und bezeichnet es als «dunkel und unverständlich genug». Als sich zeigte, dass die Lektüre des Welling'schen «Opus» nicht unbedingt zum erwünschten besseren Verständnis der Alchemie beitrug, bezogen die beiden angehenden Adepten Klettenberg und Goethe weitere alchemische Texte in ihr Studienpensum ein, unter anderem Werke von Paracelsus und dem uns bereits wohlbekannten Pseudonymus Basilius Valentinus.

Anfang Dezember 1768 verschlechterte sich der Zustand Goethes dramatisch. Er hatte eine Geschwulst am Hals bekommen, die auf konservative Art nicht behandelbar war und geschnitten werden musste, worauf es zu einer lebensbedrohlichen Krise kam. Goethe im Rückblick: «In diesen letzten Nöten zwang meine bedrängte Mutter mit dem größten Ungestüm den verlegnen Arzt [Dr. Metz], mit seiner Universalmedizin hervorzurücken; nach langen Widerstande eilte er tief in der Nacht nach Hause und kam mit einem Gläschen kristallisierten, trockenen Salzes zurück, welches in Wasser aufgelöst von dem Patienten verschluckt wurde und einen entschieden alkalischen Geschmack hatte. Das Salz war kaum genommen, so zeigte sich eine Erleichterung [...] nahm die Krankheit eine Wendung.» Über die Natur dieses Salzes kann man nur allgemeine Mutmaßungen anstellen. Es handelt sich um eine wasserlösliche, aber anscheinend nicht hygroskopische, alkalisch reagierende, kristalline Verbindung, vermutlich farblos. Da sie alkalisch reagiert, aber nicht brennend schmeckt oder ätzend wirkt, dürfte es sich um ein Carbonat oder Hydrogencarbonat, vermutlich eines Alkali- oder Erdalkalielements, gehandelt haben. Sicher ist jedenfalls, dass die Besserung des Zustands und die schließliche Genesung nicht auf einer pharmakologisch nachvollziehbaren Wirkung dieses Geheimmittels beruhten, sondern entweder ohnehin eingetreten wären oder aufgrund der Erwartungshaltung der Beteiligten eine verbesserte Selbstheilung als Placeboeffekt einsetzte. Klar ist aber auch, dass Goethe ebenso wie seine Mutter, Dr. Metz und Susanna Katharina von Klettenberg die Gesundung als Folge des Mittels ansahen und dies natürlich den Glauben an und das Vertrauen in die Alchemie festigte.

Folgerichtig ging Goethe, sobald sein Zustand dies erlaubte, dazu über, eigene Laborversuche anzustellen, die näher zu betrachten sehr interessant wäre. Ich muss mich hier auf die Andeutung beschränken, dass dabei ein «Luftsalz» eine wichtige Rolle spielte und ganz ähnliche Versuche auch von Forster und Sömmering während ihrer Zugehörigkeit zu den Gold- und Rosenkreuzern durchgeführt wurden. In einer inneren Verbindung zu den Luftsalzversuchen stand auch Goethes Interesse an der Herstellung von Wasserglas, das er aus selbst gesammelten Silikatkieseln gewann:

> Was mich aber eine ganze Weile am meisten beschäftigte, war der sogenannte Liquor Silicum (Kieselsaft), welcher entsteht, wenn man reine Quarzkiesel mit einem gehörigen Anteil Alkali schmilzt, woraus ein durchsichtiges Glas entspringt, welches an der Luft zerschmilzt und eine schöne klare Flüssigkeit darstellt. Wer dieses einmal selbst verfertigt und mit Augen gesehen hat, der wird diejenigen nicht tadeln, welche an eine jungfräuliche Erde und an die Möglichkeit glauben, auf und durch dieselbe weiter zu wirken. Diesen Kieselsaft zu bereiten hatte ich eine besondere Fertigkeit erlangt, die schönen weißen Kiesel, welche sich im Main finden, gaben dazu ein vollkommenes Material; und an dem übrigen, wie an Fleiß ließ ich es nicht mangeln.

Diese sehr knappen Einblicke in Goethes Beschäftigung mit der Alchemie belegen, dass diese auf sein Denken einen nicht unwesentlichen Einfluss ausübte. Eingehende Studien, insbesondere von Rolf Christian Zimmermann, belegen, dass Goethe über die Alchemie zu einem «physikotheologischen Weltbild» (s. u.) gelangte, in dem es nichts Unbelebtes gibt, sondern alles von Gottes Schöpferkraft durchdrungen ist – man denke an Stahls Vitalismus. Beeinflusst wurde diese geistige Entwicklung Goethes auch durch Johann Heinrich Jung-Stilling (1740–1817). Dieser wichtige Vertreter des Spätpietismus befasste sich nicht nur mit Alchemie, sondern auch mit der Frage der Fortexistenz des Individuums nach dem Tode und der gegenseitigen Beeinflussung von Lebenden und Toten, was Goethe im Zusammenhang mit seiner Konzeption des «Faust» ebenfalls beschäftigt haben dürfte. Dies legt nahe, dass eine plausible Deutung und ein tieferes Verständnis von Goethes dichterischem Werk, insbesondere des «Faust», ohne seine in der Jugend begonnenen alchemischen Studien nicht möglich ist. Auf die offensichtlichen und die weniger leicht erkennbaren alchemischen Bezüge in beiden Teilen des «Faust» kann hier nicht eingegangen werden; wer aber Lust hat, möge sich selbst auf die Suche machen, und ich verspreche, dass jede und jeder fündig werden wird.

«Höhere Chemie», Theosophie und Naturphilosophie

Schon am Beginn dieses Kapitel war kurz von «Höherer Chemie» die Rede. Der Öffentlichkeit wurde dieser Begriff durch den in Gotha erscheinenden «Reichs-Anzeiger» bekannt. Im Oktober 1796 erschien dort unter der Rubrik «Nützliche Anstalten und Vorschläge» ein mit «Höhere Chemie» überschriebener Text, als dessen Autor die «Hermetische Gesellschaft» zeichnete. Darin heißt es, die Alchemie sei bisher im «Reichs-Anzeiger» unberührt geblieben, obwohl sich doch offensichtlich viele damit befassten. Die Chemie sei inzwischen weit genug, um beurteilen zu können, was die Alchemie behaupte und wolle. Eine Gruppe von Fachleuten habe sich zum Ziel gesetzt, die Frage der Metalltransmutation ernstlich zu prüfen; sollte der den Mitgliedern der Hermetischen Gesellschaft bekannte Weg nicht zum Ziel führen, so sei dieses generell unerreichbar.

Obwohl die Hermetische Gesellschaft den Eindruck zu erwecken suchte, es handle sich um eine größere Gruppe, bestand sie vermutlich aus nur zwei Personen, dem Arzt Karl Arnold Kortum (1745–1824) und dem Pastor Johann Christian Friedrich Bährens (1765–1833), beide aus Westphalen. Der Erfolg der Ankündigung im «Reichs-Anzeiger» war bemerkenswert und belegt die weite Verbreitung alchemischen Laborierens in den bürgerlichen Schichten der Zeit. Die Interessenten wandten sich mit ihren Zuschriften an den «Reichs-Anzeiger», der sie an Bährens weiterleitete. Kortum und Bährens gründeten 1799 das «Hermetische Journal zur endlichen Beruhigung der Sucher und Zweifler», dessen einzige Ausgabe 1801 erschien. Sein Inhalt war für die Subskribenten eine Enttäuschung: Außer weitschweifigen Allgemeinplätzen enthielt es nichts Greifbares oder gar Neues. Kortum und Bährens zogen sich daraufhin etwas zurück und schoben einen obskuren Baron von Sternhayn vor. Dieser ließ 1805 zwei Lieferungen einer neuen Zeitschrift mit dem Titel «Hermes, eine Zeitschrift in zwanglosen Heften zur endlichen Beruhigung der Sucher und Zweifler» erscheinen, die indes kaum noch Abnehmer fanden. Die Hermetische Gesellschaft verschwand damit wieder aus dem Blickfeld der Öffentlichkeit.

Mit dem Ausdruck «Höhere Chemie» sollte zweierlei ausgesagt werden: Erstens stellt er einen sprachlichen Ersatz für den abgegriffenen und immer mehr in Verruf geratenen Ausdruck Alchemie dar, keineswegs aber eine Kritik an deren Sinngehalt. Zweitens soll eine Abgrenzung gegenüber der naturwissenschaftlichen «niederen Chemie» vollzogen werden, die sich nur der platten, rationalistischen Oberfläche der Realität widmet, ohne deren tiefere, verborgene Schichten auszuleuchten. Die «Höhere Chemie» stellte demgegenüber ein auf der Bibel ebenso wie den hermetischen Texten basierendes Sinngefüge der Natur bereit, das als «Physikotheologie» bekannt ist. Dies erklärt auch das Interesse von Theosophen wie Emanuel Swedenborg (1688–1772) und Friedrich Christoph Oetinger (1702–1782) an der Chemie («Die Chemie und die Theologie sind mir nicht zwei, sondern Ein Ding»), wobei Chemie hier als «Höhere Chemie» bzw. Alchemie verstanden wird. Angedeutet ist dieser Weg schon bei Georg von Wellings «Opus», der bemerkte, es gehe ihm nicht darum, lediglich das Goldmachen zu lehren, sondern «wie die Natur aus GOtt, und wie GOtt in derselben möge gesehen und erkannt werden». Der Begriff «Höhere Chemie» erscheint auch im Titel anderer zur Zeit des Gold- und Rosenkreuzes erschienenen Publikationen und belegt die Verbreitung dieser Geisteshaltung bei den späten Alchemisten.

Carl Gustav Jung und die Alchemie der Seele

Der Schweizer Psychiater Carl Gustav Jung (1875–1961) war für die Rezeption der Alchemie im 20. Jahrhundert prägend. Zeitweilig einer der namhaftesten Anhänger der Psychoanalyse

Sigmund Freuds, wurde er nach einem Zerwürfnis wegen Freuds Libidotheorie zu dessen Gegner und zum Schöpfer der Tiefenpsychologie. Jung prägte einige Begriffe, die man heute als Bestandteil westlicher Kultur insgesamt versteht, nämlich «Individuation», «Archetypus» und das «Kollektive Unbewusste». Sein Interesse war neben der Erforschung psychischer Prozesse und deren therapeutischer Beeinflussung vornehmlich auf das Verhältnis von Psychologie und Religion gerichtet, und sein Werk spielt für die Religionspsychologie und -soziologie eine weit wichtigere Rolle als für die Individualpsychologie.

Jung beschäftigte sich intensiv mit Alchemie und war ein profunder Kenner der alchemischen Literatur. Er glaubte, in der Alchemie eine Projektionsfläche unbewusster psychischer Vorgänge im Laufe der Individuation (der «Selbstwerdung») erkannt zu haben, die zugleich weit über das Individuelle hinausweist, eben weil die Alchemie wesentliche Komponenten eines kulturübergreifenden Kollektiven Unbewussten enthält. Wir haben bei unserem Gang durch die Geschichte der Alchemie vielfach gesehen, dass sich Vorstellungen wie die Vereinigung der Gegensätze, das uranfängliche Chaos und dessen Strukturierung zur normalen Materie wie zur *Materia ultima*, das Motiv von Tod und Wiederauferstehung, die Parallelität zwischen der Vervollkommnung der Materie und jener des Alchemisten über ganz unterschiedliche Kulturräume und Epochen erhalten haben. Auch die Rolle des alchemischen Geheimnisses ist von grundlegender Bedeutung und verweist nicht nur auf eine ethische Norm, sondern auf das nicht gelöste Problem der Unvollkommenheit der Schöpfung durch einen als vollkommen gedachten Schöpfer. Der «göttliche Funke» der Gnosis lässt sich eben nicht mit Worten beschreiben. Jung, dem es um das Verständnis seelischer Grundstrukturen ebenso ging wie um die Gründe der Existenz von Religionen, hatte sich daher mit der Alchemie kein ungeeignetes Forschungsfeld ausgesucht.

1943 veröffentlichte Jung seine Überlegungen in dem umfänglichen und anspruchsvollen Werk «Psychologie und Alchemie». Zu Beginn, in der «Einleitung in die religionspsychologische Problematik der Alchemie», äußert er sich deutlich verstimmt über die Geringschätzung der Psychologie durch die Theologie: «Von der Psychologie wird im ‹Nur›-Ton gesprochen. Die Auffassung, daß es psychische Faktoren gebe, welche göttlichen Figuren entsprechen, gilt als Entwertung dieser [Figuren]. Es streift an Blasphemie, zu denken, daß ein religiöses Erlebnis ein psychischer Vorgang sei; denn es ist – argumentiert man – ‹nicht nur psychologisch›. Das Psychische ist nur Natur, und darum kann aus ihm nichts Religiöses hervorgehen.» Kritiker seines Buches «Psychologie und Religion» (entstanden aus einer Vorlesungsreihe an der Yale-Universität 1937) hätten dabei seinen «Nachweis der psychischen Entstehung religiöser Phänomene geflissentlich übersehen».

Eine wichtige Rolle in Jungs Verständnis der Alchemie spielte der Begriff der «Projektion», worunter er das Zuschreiben von in der eigenen Psyche angelegten Archetypen an Personen oder Objekte außerhalb des Ichs versteht. In der Alchemie beschreibt «Projektion» etwas Verwandtes, nämlich die Übertragung der dem Stein der Weisen innewohnenden Formkraft auf ein anderes Objekt, nämlich das zu transmutierende Metall. Jung ist diese Bedeutungsanalogie nicht entgangen. Er zog daraus allerdings problematische Schlussfolgerungen:

So war dem Alchemisten die wirkliche Natur des Stoffes [d. h. der Materie an sich] unbekannt. Er kannte sie nur in Andeutungen. Indem er sie zu erforschen suchte, projizierte er das Unbewußte in das Dunkel des Stoffes, um dieses zu erhellen. Um das Geheimnis des Stoffes zu erklären, projizierte er ein anderes Geheimnis: nämlich seinen unbekannten seelischen Hintergrund, in das [zu] Erklärende. Dies war nun, wohlverstanden, keine absichtliche Methode, sondern ein unwillkürliches Geschehnis. [...] *Projektion* wird, streng genommen, nie gemacht – sie *geschieht*, sie wird vorgefunden. Im Dunkel eines Äußerlichen finde ich, ohne es als solches zu erkennen, mein eigenes Innerliches oder Seelisches. (Hervorhebungen durch Jung.)

Es wäre übertrieben zu sagen, dass dies besonders klar formuliert ist. Gemeint ist offenbar, dass der Alchemist das ungelöste Geheimnis seiner eigenen Existenz in ein materielles Substrat projiziert, ohne es zu merken. Entsprechend kommt Jung zu dem Ergebnis:

Ich bin deshalb geneigt anzunehmen, daß die wirkliche Wurzel der Alchemie weniger in philosophischen Anschauungen zu suchen ist, als vielmehr in den Projektionserlebnissen der einzelnen Forscher. Damit drücke ich die Meinung aus, daß der Laborant während der Ausführung des chemischen Experimentes gewisse psychische Erlebnisse hatte, welche ihm aber als ein besonderes Verhalten des chemischen Prozesses erschienen.

Das hieße nun, die Alchemie sehr einseitig zu betrachten. Bei all seiner unbestrittenen Belesenheit hat Jung genau das getan, was er bei den Alchemisten beobachtet zu haben glaubte, nämlich sein psychisches Erleben bzw. seine zugehörige Theorie in das Gedankengebäude der Alchemie zu projizieren. Die Alchemie selbst sollte nicht begriffen und erklärt werden, sie sollte Jungs Thesen von Archetypen und dem Kollektiven Unbewussten untermauern. Hätte Jung nämlich recht, so wären die Alchemisten durchweg Menschen mit einer bestimmten psychischen Prädisposition gewesen – eben der Neigung, ihr Unbewusstes auf chemische Reaktionen zu projizieren, die sie nicht «wirklich» verstanden. Dies wird weder den sehr unterschiedlichen Strömungen der Alchemie über die Epochen hinweg noch den ebenso unterschiedlichen Persönlichkeiten ihrer wichtigen Repräsentanten gerecht. Allein schon die Formulierung, den Alchemisten wäre «die wirkliche Natur des Stoffes unbekannt» gewesen, ist historisch wie logisch Unsinn. Die Alchemisten allgemein, und besonders die metaphysisch-mystisch ausgerichteten, waren sich subjektiv über die «wirkliche Natur» der Materie sehr wohl im Klaren. Die alchemische Materietheorie ist ein Kernbestandteil alchemischen Denkens und Voraussetzung der Konzeption des Lapis. Und logisch ist die Aussage ebenfalls unzutreffend, da zunächst definiert werden müsste, was unter der «wirklichen Natur des Stoffes» überhaupt zu verstehen ist; eine solche Definition hat Jung nicht geliefert und konnte dies auch nicht, weil diese *wirkliche* Natur nach wie vor unbekannt ist und auch bleiben wird. (Unsere physikalischen, chemischen oder kosmologischen Theorien sind Modelle, keine Wirklichkeit!) Jung unterstellte – unbewusst? – in zeittypisch positivistischer Manier das Gegenteil, eben die Bekanntheit dieser wirklichen Natur.

Ungeachtet solcher Einwände fand die These Jungs zahlreiche Anhänger, und die Alchemie wurde durch ihn für «esoterisch» gesinnte Kreise erneut interessant. Die Jung'sche Alchemie ist gewissermaßen die «Höhere Chemie» in der dem 20. Jahrhundert gemäßen Form. Und natürlich lässt sie sich auch nicht generell als falsch bezeichnen: Sie greift wichtige kultur- und epochenübergreifende Merkmale der Alchemie auf, interpretiert sie aber unter einem von vornherein zur Bestätigung der Thesen gewählten Blickwinkel und unterschlägt andere Aspekte. Übrigens hat schon lange vor Jung der heute weitgehend vergessene österreichische Psychoanalytiker und Freud-Schüler Herbert Silberer (1882–1923) eine Verbindung zwischen Alchemie und Psychologie hergestellt. 1914 wandte er erstmals exemplarisch die von Sigmund Freud (1856–1939) entwickelte psychoanalytische Methode zur Deutung des anonym gedruckten alchemischen Texts «Parabola» aus dem Jahr 1625 an.

Die Alchemie ist nicht aus dem Bewusstsein der heutigen Welt verschwunden, sie führt aber ein Schattendasein am Rande des kulturellen «mainstream». Bei vielen Zeitgenossen stellen sich bei der Erwähnung des Wortes *Alchemie* vage Assoziationen ein, die einerseits mit Goldmacherei zu tun haben und andererseits die Vorstellung von etwas Dunklem, Geheimnisvollem hervorrufen, das eine unbestimmte Anziehungswirkung besitzt – im Gegensatz zum Wort *Chemie*, das häufig reflexartige Abwehrreaktionen hervorruft. Es gibt *spagyrische* Arzneimittel, nach den Vorschriften oder wenigstens im Geiste von Paracelsus gefertigt, und es gibt einzelne, verschwiegen laborierende Alchemisten, die immer noch daran glauben, dass die Chemie eben nur *chemische* Reaktionen beschreibt, dass aber, wenn man es nur richtig anstellt, auch ganz andere *alchemische* Reaktionen möglich sind. Diese modernen Alchemisten ignorieren die Naturwissenschaften und suchen ihre Erkenntnisse in den Texten der Alten. Manche von ihnen glauben auch daran, dass es echte Adepten gab oder gibt. Die meisten Menschen, die sich mit der Alchemie auseinandersetzen, tun dies aber auf der psychisch-metaphysischen Ebene. Sie sind Anhänger Jungs oder anderer, als «ganzheitlich» empfundener Seinslehren und leben in einer «esoterischen», das heißt nur für Eingeweihte zugänglichen Ideenwelt. Ihnen geht es nicht eigentlich um das Verständnis der Alchemie, sondern um Selbstvergewisserung und innere Balance. Der Weg zum harmonischen Gefühl des Eingebundenseins in ein transzendentes Ganzes sollte aber möglichst nicht allzu steinig und weit sein. Ein Schuss Alchemie in der Rezeptur zur modischen Sinnfindung kann da nicht schaden. Mit der Alchemie als kultur- und ideengeschichtlichem Phänomen hoher Komplexität, dessen auch nur ansatzweises Verständnis einiges an Wissen in diversen Gebieten erfordert, setzen sich leider die wenigsten auseinander. Sie, liebe Leserin, lieber Leser, haben dies getan, und dafür möchte ich mich bedanken.

Lassen Sie mich mit einer Vorhersage schließen, die einer der letzten «echten» Alchemisten, Gabriel Clauder (1633–1691), in seiner «Abhandlung von dem Universalsteine» aus dem Jahr 1682 gemacht hat: «So lange die Übereinstimmung der himmlischen und irdischen Dinge bestehen wird [...] so lange die oberen Dinge seyn werden wie die unteren, und die unteren wie oberen; so lange die Harmonie der grossen Welt mit der kleinen unerschüttert fortdauern wird: so lange wird auch trotz dem Neide [der Alchemieverächter] unser Stein [der Weisen] mit seinen nützlichen Strahlen der Wahrheit schimmern und die Nebel seiner Gegner und Zweifler aufklären.» Clauder war ein «echter» Alchemist – nicht, weil er wusste, wie der Stein der Weisen zu erlangen war, sondern weil er sich noch im Einklang mit dem kulturellen Kontext seiner Zeit befand. Heute ist das nicht mehr möglich. Hätte Clauder mit seiner Prophezeiung recht behalten, würden wir in einer ganz anderen Welt leben. Und manchmal, in stillen Momenten, wünschen wir uns wohl, «die Übereinstimmung der himmlischen und irdischen Dinge» möge uns so geschenkt werden, wie der Alchemist Clauder sie empfinden konnte.

Literaturempfehlungen

Benzenhöfer, Udo, Paracelsus, 1997.

Evans, Robert J. W., Rudolph II. Ohnmacht und Einsamkeit, 1980.

Faivre, Antoine u. Zimmermann, Rolf Christian (Hg.), Epochen der Naturmystik. Hermetische Tradition und wissenschaftlicher Fortschritt, 1979.

Haage, Bernhard D., Alchemie im Mittelalter, Ideen und Bilder. Von Zosimos bis Paracelsus, 1996.

Haas, Volkert, Magie und Mythen in Babylonien. Von Dämonen, Hexen und Beschwörungspriestern, 1986.

Jung, Carl Gustav, Psychologie und Alchemie, 1975 u. ö.

Kákosy, László, Zauberei im alten Ägypten, 1989.

Kopp, Hermann, Die Alchemie in älterer und neuerer Zeit, 1886, Nachdruck 1971.

Krätz, Otto, Goethe und die Naturwissenschaften, 1992.

McIntosh, Christopher, The Rose Cross and the Age of Reason, 1992.

Partington, James R., A History of Chemistry, 4 Bde., 1961–1970.

Peuckert, Will-Erich, Die Rosenkreuzer, 1928, Neuausgabe 1973.

Priesner, Claus u. Figala, Karin (Hg.), Alchemie. Lexikon einer hermetischen Wissenschaft, 1998.

Priesner, Claus, Grenzwelten. Schamanen, Magier, Geisterseher, 2008.

Reinalter, Helmut, Die Freimaurer, 2008.

Stuckrad, Kocku v., Geschichte der Astrologie. Von den Anfängen bis zur Gegenwart, 2003.

Tegtmeier, Ralph, Magie und Sternenzauber. Okkultismus im Abendland, 1995.

Westfall, Richard S., Never at Rest. A Biography of Isaac Newton, 1980.

Personen- und Sachregister

Adelard von Bath 40
Agathodaimon 26
Agrippa von Nettesheim, Cornelius 50–53, 62
Alanus ab Insulis 40
Albedo 22
Albert von Lauingen 42
Albertus Magnus 45
Alembert, Jean le Rond d' 108
Alexander der Große 7
Anaximander 15
Anaximenes 15
Andreae, Johann Valentin 79, 82
anima 37, 41, 55, 93, 99
Anorganische Chemie 112
Antipathie 92
Arabismen 36, 40
Archetypus 120 ff.
Archeus 55, 57
Aristoteles 13, 15 ff., 21, 38 ff., 42, 44 f., 60, 89 f., 97 f., 110
Ars spagyrica 55, 87, 123
Asem 14
Astrologie 9, 18 f., 23, 31 ff., 35, 41, 47, 50 f., 55 f.
Äther 19, 38, 92
Atome 15, 48, 89 f., 112
Aurum potabile 61

Bacon, Francis 79, 82
Bacon, Roger 41 ff.
Bährens, Johann Christian Friedrich 118 f.
Barrow, Isaac 91
Becher, Johann Joachim 95–98, 100
Beckmann, Johann 32
Beschwörungsmagie 9 f.
Black, Joseph 103
Bleioxid 111
Böhme, Jakob 83
Bolos von Mendes 29

Boyle Lectures 89
Boyle, Robert 88–94, 98
Boyle-Mariotte'sches Gesetz 88
Bragadino 72 f., 75
Braunstein 107

Caetano, Dominico Emanuele 73 ff.
Caput corvi 22
Cavendish, Henry 103
Chaos 22, 30, 38, 47, 102, 120
Chemiatrie 55
Chester, Robert von (Robertus Castrensis) 36, 41
Chlor 107
Christliche Hermetik 46 f., 83
Citrinitas 22
Clauder, Gabriel 124
Cook, James 85
Cosimo de Medici 45 f.

Dalton, John 48, 87, 112
Demiurgen 20 f., 80
Demokrit von Abdera 8 f.
Descartes, René 76 f., 91, 99
Diderot, Denis 108
Dienheim, Johann Wolfgang 70
Dioskurides 13
Diplosis 14

Echter von Mespelbrunn, Anselm Franz 96
Elektron 33
Elementenlehre 13, 15 f., 60
Elixier 36, 60
Empedokles 15 f.
Ens corporale 54
Erde 11, 15–18, 20, 25 f., 30, 33, 39, 89, 97 f., 110

Faust 42, 52 f., 114, 118
Ferdinand Maria von Bayern 96
Feuer 15 f., 19, 23, 26, 37 ff., 89, 110
Feuerstoff 95
Ficino, Marsilio 45 ff.
Fixe Luft 110 ff.
Flamel, Nicolas 68 f.
Forster, Georg 85 f., 117
Forster, Reinhold 85
Fraternitatis Rosae Crucis 80 f.
Freud, Sigmund 120, 123
Friedrich I. 74
Friedrich II. 86
Friedrich Wilhelm I. 98
Friedrich Wilhelm II. 85
Fulbert von Chartres 40

Gärung 14, 99
Gas 88, 102–106, 111 f.
gas sylvestris 102
Gaschemie 103
Gassendi, Pierre 91
Geber arabicus siehe Jabir ibn Hayyan
Geber latinus 37, 41, 43 ff., 55
Geber-latinus-Corpus 43 f.
Georg III. 105
Gerbert von Aurillac 40
Glauber, Johann Rudolph 95
Glaubersalz 95
Gnosis 13, 15 f., 19 f., 26, 28, 46, 82, 120
Goethe, Johann Wolfgang 52, 114–118
Guettard, Jean-Etienne 108
Guyton de Morveau, Louis Bernard 110

Hales, Stephen 103, 110
Halley, Edmond 92

Personen- und Sachregister

Haselmayr, Adam 80 f.
Hellenismus 7, 12 f., 25, 30
Helmont, Johann Baptist von 99, 102 f.
Hermes 22, 25, 33, 46
Hermes Trismegistos 25 f., 45, 61
Hermetische Gesellschaft 118 f.
Herodot 7
Heß, Tobias 82
Hohenheim, Theophrastus Bombastus von siehe Paracelsus
Hohenheim, Wilhelm von 53
Höhere Chemie 113, 118 f., 123
Holzkohle 100 f., 111
Hooke, Robert 88
Humoralpathologie 56
Hyle 19, 22, 33

Iamblichos 31, 50
Iatrochemie 55
Ibn an-Nadim 35
Illuminaten 87
Individuation 120
Isis 11 f.
Isis-Osiris-Mythos 11, 23

Jabir ibn Hayyan (Geber arabicus) 37, 43, 48
Johannes von Rupescissa 55
Jung, Carl Gustav 87, 119–123
Jung-Stilling, Johann Heinrich 117

Kabbala 18, 49 ff.
Kant, Immanuel 76 f.
Ketenensis, Robertus siehe Chester, Robert von
Khalid ibn Yazid 35 f., 41
Klaproth, Martin Heinrich 86
Klettenberg, Susanna Katharina von 114 ff.
Knigge, Adolph Freiherr von 87

Kohlendioxid 102 ff., 110 f.
Kollektives Unbewusstes 120, 122
Königswasser 44
Kopp, Hermann 68, 86, 115
Korpuskeln 43 f., 91 f.
Kortum, Karl Anton 118 f.
Kosmos 8, 18 f., 21, 25 f., 31, 38, 47, 51, 55, 77

Lapis philosophorum 21, 24, 36 f., 42, 50, 55, 60 f., 63 f., 68, 86, 122
Lavoisier, Antoine Laurent de 87, 94, 102, 106–113
Leopold I. 74, 96
Libavius, Andreas 59–62, 95
Lippmann, Edmund von 31, 33, 35
Liquor Silicum 117
Locke, John 93
Logoi spermatikoi 38
Logos 18 f., 38, 47
Luft 11, 15 f., 37 ff., 89, 100, 102 ff., 106, 10 ff.
Luftsalz 117
Lullus, Raimundus 67 f.

Magie 8–11, 18, 27, 50 ff.
Magisches Quadrat 48 f.
Makrokosmos-Mikrokosmos-Parallele 8 f., 17, 19, 47, 49, 57, 59, 61
Mamugnà, Marco siehe Bragadino
Mariotte, Edme 88
Markasit 37
Materia prima 16, 19, 22 f., 30
Materia ultima 19, 120
Maximilian I. 51
Mayow, John 103
Merkantilismus 96
Mesmerismus 113
Metz, Johann Friedrich 114 ff.
Mohammed 34
Moleküle 112
Morienus 36, 41
Morus, Thomas 78 f.

Naturmagie 9 f., 38, 47, 50, 58, 60 ff., 93
Neoplatonismus 13, 15, 31 f., 46, 59
Neupythagoräer 18, 38, 47 f.
Newton, Isaac 24, 88, 91–94, 99
Nigredo 22
Nitröse Luft 106
Nur-Mercurius-Lehre 44

Oetinger, Friedrich Christoph 119
Opus magnum 22 f., 27, 61, 81
Orden der Gold- und Rosenkreuzer 83
Origenes 31 f.
Osiris 10 ff., 23
Ouroboros 26
Oxidation 108, 112
Oxygine 106, 112

Panacee 42, 55
Papyrus Leiden 13, 31
Papyrus Stockholm 13 f.
Paracelsus 42, 46 f., 50, 53–62, 96–99, 102, 116, 123
Paulus von Taranto 43 f.
Paulze, Jacques 109 f.
Paulze, Marie Anne Pierette 109 f.
Petrus Abaelardus 40
Pfauenschweif *(cauda pavonis)* 22
Phlogiston 98, 100 f., 104, 106, 111
Phlogistontheorie 87, 98 f., 100 ff., 104, 106 f., 112 f.
Physikotheologie 117, 119
Plato 15 f., 18, 21, 46, 78 f.
Platonismus 13, 15, 45
Pneuma 19, 22, 33, 88
Poseidonios 19
Priestley, Joseph 104–108, 111 f.
Prinzip Sal 54, 89, 92

Prinzipien 15 f., 39, 43 f., 48, 56, 58, 60, 87, 89, 97 f.
Prinzipienlehre 54 f., 97, 99 f.
Projektion 69, 121 f.
Pseudo-Demokrit 28 f.
Pythagoras 7, 18
Pythagoräer 18 f., 47

Quecksilber 13 f., 24, 33, 37, 39, 41 f., 44, 54, 61, 68, 105, 111
Quecksilberoxid 106 f., 111 f.
Quinta Essentia 16, 38
Quintessenz 16, 54 ff., 78

Rabenhaupt 22
Reaktionsgleichung 34
Redoxreaktion 101
Reduktion 111 f.
Reuchlin, Johannes 50
Rhazes 41, 43
Richter, Jeremias Benjamin 48
Richter, Samuel siehe Sincerus Renatus
Rosenkreu(t)z, Christian 80 f.
Rosenkreuzer-Manifeste 81 f., 96
Rouelle, Guillaume 108
Royal Society 79, 88 f., 92, 97, 104 f.
Rubedo 23
Rudolph II. 71 f.
Rutherford, Daniel 103

Salmasius, Claudius 32 f.
Salpeter 103, 106 f.
Salpetersäure 44
Salzsäure 60, 107
Sauerstoff 102, 104, 106 ff., 111 ff.
Säurestoff 112
Scheele, Carl Wilhelm 104, 106 f., 112

Schelling, Friedrich Joseph Wilhelm 99
Schleiß von Löwenfeld, Bernhard Joseph 84
Schmieder, Karl Christoph 67–70, 85
Schröder, Friedrich Joseph Wilhelm 85, 87
Schwefel 23, 39, 41, 44, 70, 100 f., 111, 115
Schwefeldioxid 102, 106, 111
Schwefelsäure 44, 100 f.
Sefiroth 49
Sendivogius, Michael 60, 71 f., 92
Serapeion 24
Seth 10 ff.
Seton, Alexander 60, 69–72
Sigismund III. 71
Silberer, Herbert 123
Sincerus Renatus 82 ff.
Sömmering, Samuel Thomas 85 f., 117
Spiritismus 113
Stahl, Georg Ernst 87, 98–102, 117
Stein der Philosophen 21
Stein der Weisen 19, 21, 28, 44, 46, 61, 69, 75, 82, 95, 121, 124
Stickstoff 103
Stoa 18 f.
Stöchiometrie 48
Sulphur-Mercurius-Lehre 41
Swedenborg, Emanuel 119
Symbol 29, 31–34, 48, 61
Sympathie 92
Sympathielehre 58
Syphilis 54

Tabula Smaragdina 25, 45 f., 49, 61
terra fluida 97
terra pinguis 97 f., 100

terra vitrescibile 97
Tetrasomie 22
Thales von Milet 15
Theo-Alchemie 83, 87
Thölde, Johann 63–66
Thomas von Aquin 42, 45
Thot 12, 17, 25
Tiefenpsychologie 120
Tinktur 23, 60, 71
Toledo 40
Treue Brüder 37 ff.
Triplosis 14

Umayyaden (Omaijaden) 35
Urmaterie siehe Materia prima

Valentinus, Basilius 62–65, 116
Vas hermeticum 22 f.
vis vitalis 98
Vitalismus 99, 117
Volksmagie 9

Wasser 11, 15 f., 23, 33, 39, 89, 102, 110, 112
Wasserglas 117
Wedel, Georg Wolfgang 64
Welling, Georg von 115 f., 119
Weltseele 38
Wilhelm V. 72 f.
Winckler, Johann Heinrich 114

Xanthosis 12
Xerion 21

Zahlenmystik 18, 47, 51
Zarathustra 20
Zimmermann, Rolf Christian 117
Zosimos von Panopolis 23, 26 ff.